thcin se tbig nelhaZ evitageN

Negative Zahlen gibt es nicht

Martin Erik Horn

Martin Erik Horn
Lilienthalpark
12209 Berlin
mail@martinerikhorn.de

nroH kirE nitraM
kraplahtneiliL
nilreB 12209
ed.nrohkirenitram@liam

evitageN
thcin se tbig nelhaZ

Negative Zahlen gibt es nicht

Martin Erik Horn

Bibliografische Information der Deutschen Nationalbibliothek:

Die Deutsche Nationalbibliothek verzeichnet diese Publikation
in der Deutschen Nationalbibliografie;
detaillierte bibliografische Daten sind im Internet über

http://dnb.dnb.de

im Internet abrufbar.

Herstellung und Verlag:
BoD – Books on Demand, Norderstedt

ISBN: 978-3-7562-3808-8

sinhciezrevstlahnI

6

,hcurpsrediwtsbleS nie dnis nelhaZ evitageN,,
".nebeguz rekitamehtaM ella eiw

[1] regnihiaV snaH

tiehhcsneM ollaH   0

!nesewskcethceR ollaH !nehcsneM ollaH
eirtemoeG erenni eruE ni ,rutkurtS ehcsigoloib eruE nI
.tuabegnie tim lekniW ethcer red tsi
.gilkniwthcer rhI tenhcer blahseD
.treiniart retsuM-sknil-sthcer fua enriheG eruE dnis blahseD
.nednufre nelhaZ nevitagen eid rhI tbah blahseD

.lekniW rethcer reuE tsi saD
.gnuthciR evitisop enie ni sthcer mrA nie tgiez hcuE ieB
,gnuthciR evitagen enie ni sknil tgiez mrA etiewz red dnU
.dnis treitneiro netnu .wzb nebo hcan thcerknes hcuaB dnu slaH dnerhäw

.gnuthcirsuA-sknil-sthcer elaretalib eniek nebah negegad nehcnretseeS etnegilletnI
.treirutkurts laretalirt dnis nehcnretseeS etnegilletnI
.nesiew negnuthciR ierd ni hcsirtemmys eid ,emralekatneT ierd nebah eiS
.nlekniW-120° ni blahsed neknen nehcnretseeS etnegilletnI
.nelhaZ nevitagen eniek nednifre enriheG erhI
.kitamehtaM nevitisop-gitrewierd renie egaldnurG fua netiebra enriheG erhI
.thcin se tbig nelhaZ evitageN
.negnuthciR nehcildeihcsretnu ierd eid rüf etreW evitisop ierd run tbig sE

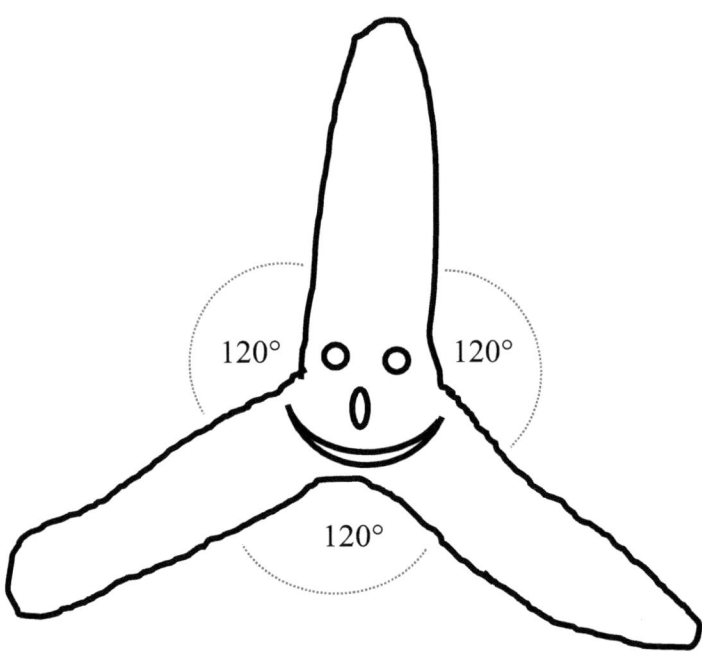

nelhaZ evitisoP   1

.thcin se tbig nelhaZ evitageN
.nessemeg reuadtieZ evitagen enie slamej tah ,dnamein ,hcsneM nieK
.nessemeg ekcertS evitagen enie slamej tah ,dnamein ,hcsneM niek dnU
therdegmu laeniL sad run remmi nebah ellA
.nessemeg gnuthciR neredna renie ni ekcertS evitisop enie nnad dnu
.vitisop tsi ,nessem riw saw ,sellA
.thcin se tbig nelhaZ evitageN
.nelhaZ evitisop tbig sE
.sniE lhaZ red ehcafleiV dnis nelhaZ evitisoP
:sniE lhaZ eid tsi reih seid dnU

$$1 = \begin{pmatrix} 1 & 0 & 0 \\ 0 & 1 & 0 \\ 0 & 0 & 1 \end{pmatrix}$$

:nnad dnis shces sulp ierD

$$3 + 6 = \begin{pmatrix} 3 & 0 & 0 \\ 0 & 3 & 0 \\ 0 & 0 & 3 \end{pmatrix} + \begin{pmatrix} 6 & 0 & 0 \\ 0 & 6 & 0 \\ 0 & 0 & 6 \end{pmatrix} = \begin{pmatrix} 9 & 0 & 0 \\ 0 & 9 & 0 \\ 0 & 0 & 9 \end{pmatrix} = 9$$

:tsi iewz lam reiv dnU

$$4 \cdot 2 = \begin{pmatrix} 4 & 0 & 0 \\ 0 & 4 & 0 \\ 0 & 0 & 4 \end{pmatrix} \begin{pmatrix} 2 & 0 & 0 \\ 0 & 2 & 0 \\ 0 & 0 & 2 \end{pmatrix} = \begin{pmatrix} 8 & 0 & 0 \\ 0 & 8 & 0 \\ 0 & 0 & 8 \end{pmatrix} = 8$$

:tizaF

!gnunhcernezirtaM eid riw nenreL
.thcin nnad riw nehcuarb nelhaZ evitageN
.gissülfrebü dnis eiS
.thcin nereitsixe eiS

enietsuabdnurG 2

.enietsuabdnurG ehcsitamehtam shces nereitsixe tmasegsnI

:eis dnis reiH

$$1 = \begin{pmatrix} 1 & 0 & 0 \\ 0 & 1 & 0 \\ 0 & 0 & 1 \end{pmatrix}$$:sniE lhaZ eiD

$$e_1 = \begin{pmatrix} 1 & 0 & 0 \\ 0 & 0 & 1 \\ 0 & 1 & 0 \end{pmatrix}$$:sthcer hcan rotkeV retsrE

$$e_2 = \begin{pmatrix} 0 & 0 & 1 \\ 0 & 1 & 0 \\ 1 & 0 & 0 \end{pmatrix}$$:nebo sknil hcan rotkeV retiewZ

$$e_3 = \begin{pmatrix} 0 & 1 & 0 \\ 1 & 0 & 0 \\ 0 & 0 & 1 \end{pmatrix}$$:netnu sknil hcan rotkeV rettirD

:rednanieuz 120° nov lekniW mi nehets nerotkeV ierd eseiD

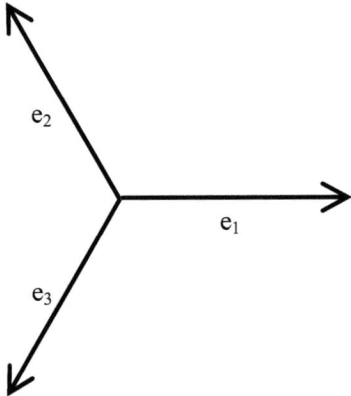

.arbeglA-nretssedecreM enie eiw sua eiwdnegri theis saD
.edopirT renebe nie ,nretssedecreM refeihcs nie tsi se rebA

.retäps nnad nemmok nedoparteT

,neßörgstiehniE dnis enietsuabdnurG reiv eseiD
:sniE uz nereirdauq eis nned

$$e_1{}^2 = e_2{}^2 = e_3{}^2 = 1^2 = \begin{pmatrix} 1 & 0 & 0 \\ 0 & 1 & 0 \\ 0 & 0 & 1 \end{pmatrix} = 1$$

,neliet eis hcrud hcua nennök riw dnU
sllafnebe netual nesrevnI erhi nned

$$1^{-1} = \begin{pmatrix} 1 & 0 & 0 \\ 0 & 1 & 0 \\ 0 & 0 & 1 \end{pmatrix}$$

$$e_1{}^{-1} = \begin{pmatrix} 1 & 0 & 0 \\ 0 & 0 & 1 \\ 0 & 1 & 0 \end{pmatrix} \qquad e_2{}^{-1} = \begin{pmatrix} 0 & 0 & 1 \\ 0 & 1 & 0 \\ 1 & 0 & 0 \end{pmatrix} \qquad e_3{}^{-1} = \begin{pmatrix} 0 & 1 & 0 \\ 1 & 0 & 0 \\ 0 & 0 & 1 \end{pmatrix}$$

hcua lepmis znag liew

$$e_1\,e_1{}^{-1} = e_2\,e_2{}^{-1} = e_3\,e_3{}^{-1} = 1 \cdot 1^{-1} = \begin{pmatrix} 1 & 0 & 0 \\ 0 & 1 & 0 \\ 0 & 0 & 1 \end{pmatrix} = 1$$

.tbigre noitakilpitluM red tnemelE selartuen sla sniE

!gnunhcernezirtaM eid ebel sE

.thcin se tbig nelhaZ evitageN
dnu) gnurpsrU muz gnuthciR-e_1 evitisop eid ni ttirhcS negiznie menie hcan mU
,nerhekuzkcürüz (lluN ruz timad
.nehcam sknil hcan ttirhcS-sniE-suniM neniek blahsed riw nennök
.thcin hcafnie treitsixe ttirhcS-sniE-suniM niE

nenie nnad dnu gnuthciR-e_2 eid ni ttirhcS nevitisop nenie riw neheg nessedttatS
.negnaleg uz lluN ruz mu ,gnuthciR-e_3 eid ni ttirhcS nevitisop neretiew

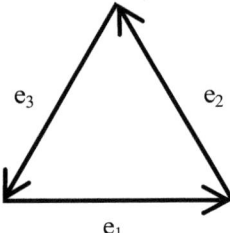

e_3 e_2

e_1

:lluN nemmasuz nebegre e_3 sulp e_2 sulp e_1

$$e_1 + e_2 + e_3 = 0$$

:gnuhcielG eseid tetual esiewbierhcsnezirtaM nI

$$e_1 + e_2 + e_3 = \begin{pmatrix} 1 & 0 & 0 \\ 0 & 0 & 1 \\ 0 & 1 & 0 \end{pmatrix} + \begin{pmatrix} 0 & 0 & 1 \\ 0 & 1 & 0 \\ 1 & 0 & 0 \end{pmatrix} + \begin{pmatrix} 0 & 1 & 0 \\ 1 & 0 & 0 \\ 0 & 0 & 1 \end{pmatrix} = \begin{pmatrix} 1 & 1 & 1 \\ 1 & 1 & 1 \\ 1 & 1 & 1 \end{pmatrix} = 0$$

.eeS-cariD mieb eiw reih tsi saD
.ad sthcin tsi ,dnis tgeleb nenoitisoP ella nneW
.lluN dnatsuZ red tsi saD
.tzteseb sniE renie tim nnad tsi xirtaM red elletS edeJ

riw medni ,esiewsleipsieb ,nebierhcs sredna hcua lluN eid riw netnnök hcilrütaN
ttirhcS neniek rag hcua nebe redo ettirhcS ierd redo ettirhcS iewz sliewej
.neheg negnuthciR ierd ella ni

:treitnesärper negnulletsraD eleiv hcildnenu hcrud timos driw lluN lhaZ eiD

$$\begin{pmatrix} 1 & 1 & 1 \\ 1 & 1 & 1 \\ 1 & 1 & 1 \end{pmatrix} = \begin{pmatrix} 2 & 2 & 2 \\ 2 & 2 & 2 \\ 2 & 2 & 2 \end{pmatrix} = \begin{pmatrix} 3 & 3 & 3 \\ 3 & 3 & 3 \\ 3 & 3 & 3 \end{pmatrix} = \ldots = \begin{pmatrix} 0 & 0 & 0 \\ 0 & 0 & 0 \\ 0 & 0 & 0 \end{pmatrix} = 0$$

tim) gnulletsraddradnatS eid ni remmi hcodej eis etllos reblah tiekhcilthcisrebÜ reD
.nedrew trhüfrebü (sthcer znag nelluN ned

os hcua aj kitamehtaM nelamron renie ni negnunhceR nelamron ieb riw nehcam saD
:gew hcafnie lluN nov ehcafleiV nessal dnu

$$7\,e_1 + 5\,e_2 + 6\,e_3 = \begin{pmatrix} 7 & 0 & 0 \\ 0 & 0 & 7 \\ 0 & 7 & 0 \end{pmatrix} + \begin{pmatrix} 0 & 0 & 5 \\ 0 & 5 & 0 \\ 5 & 0 & 0 \end{pmatrix} + \begin{pmatrix} 0 & 6 & 0 \\ 6 & 0 & 0 \\ 0 & 0 & 6 \end{pmatrix}$$

$$= \begin{pmatrix} 7 & 6 & 5 \\ 6 & 5 & 7 \\ 5 & 7 & 6 \end{pmatrix} = \underbrace{5\,e_1 + 5\,e_2 + 5\,e_3}_{0} + 2\,e_1 + e_3 = 5 \cdot 0 + 2\,e_1 + e_3$$

$$= \begin{pmatrix} 2 & 1 & 0 \\ 1 & 0 & 2 \\ 0 & 2 & 1 \end{pmatrix} = 2\,e_1 + e_3$$

,rotkeV nie sinbegrednE sad tsi ,nnak nedrew treirongi lluN lam fnüf aD
:tsiew netnu sthcer hcan red

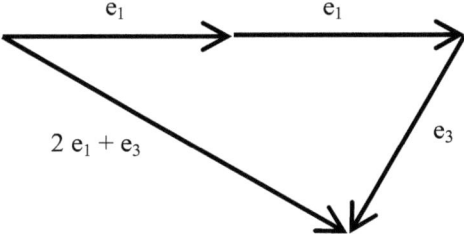

:stardauQ sed efliH tim nnad hcis tenhcereb srotkeV seseid egnäL eiD

$$(2\,e_1 + e_3)^2 = \begin{pmatrix} 2 & 1 & 0 \\ 1 & 0 & 2 \\ 0 & 2 & 1 \end{pmatrix}^2 = \begin{pmatrix} 5 & 2 & 2 \\ 2 & 5 & 2 \\ 2 & 2 & 5 \end{pmatrix} = \begin{pmatrix} 3 & 0 & 0 \\ 0 & 3 & 0 \\ 0 & 0 & 3 \end{pmatrix} = 3$$

,teirongi $\begin{pmatrix} 2 & 2 & 2 \\ 2 & 2 & 2 \\ 2 & 2 & 2 \end{pmatrix} = 2 \cdot 0$ redeiw riw nebah reih hcuA

.netlahre zu gnulletsraddradnatS eid mu

,nedrew negozeg lezruwtardauQ eid hcon run ssum tzteJ
:netlahre zu egnäL eid mu

$$\left| 2\,e_1 + e_3 \right| = \sqrt{(2\,e_1 + e_3)^2} = \sqrt{3} \approx 1{,}73$$

sarogahtyP nov seztaS sed efliH tim eborP eiD

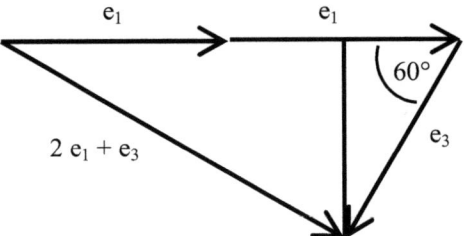

:sinbegrE ehcielg sad tbigre

$$(2\,e_1 + e_3)^2 = (2 - \cos 60°)^2 + (\sin 60°)^2 = 2{,}25 + 0{,}75 = 3$$

.netiehnienegnäL $\sqrt{3}$ = EL $\sqrt{3}$ timos tgärteb $(2\,e_1 + e_3)$ srotkeV sed egnäL eiD $\Leftarrow$

mretnezirtaM reD

$$\begin{pmatrix} 2 & 2 & 2 \\ 2 & 2 & 2 \\ 2 & 2 & 2 \end{pmatrix} = 2 \begin{pmatrix} 0 & 0 & 0 \\ 0 & 0 & 0 \\ 0 & 0 & 0 \end{pmatrix} = 2 \cdot 0$$

.nedrew nessaleggew nenoitakilpmoK ereßörg enho hcilhcästat sola etnnok

nerotkeV reiewz etkudorP   4

noitakilpitluM hcrud nehetstne neßörgdnurG nedieb netztel eiD
.nerotkestiehniE ierd red

$$e_{12} = e_1 e_2 = e_2 e_3 = e_3 e_1 = \begin{pmatrix} 0 & 0 & 1 \\ 1 & 0 & 0 \\ 0 & 1 & 0 \end{pmatrix} \qquad \text{:etuaR etsrE}$$

$$e_{21} = e_2 e_1 = e_3 e_2 = e_1 e_3 = \begin{pmatrix} 0 & 1 & 0 \\ 0 & 0 & 1 \\ 1 & 0 & 0 \end{pmatrix} \qquad \text{:etuaR etiewZ}$$

,nerotkoV nedieb ned sua nehetstne nenoitakilpitluM neseid ieB
.120° .wzb 60° nov nlekniwnennI tim netuaR ,nedrew treizilpitlum eid

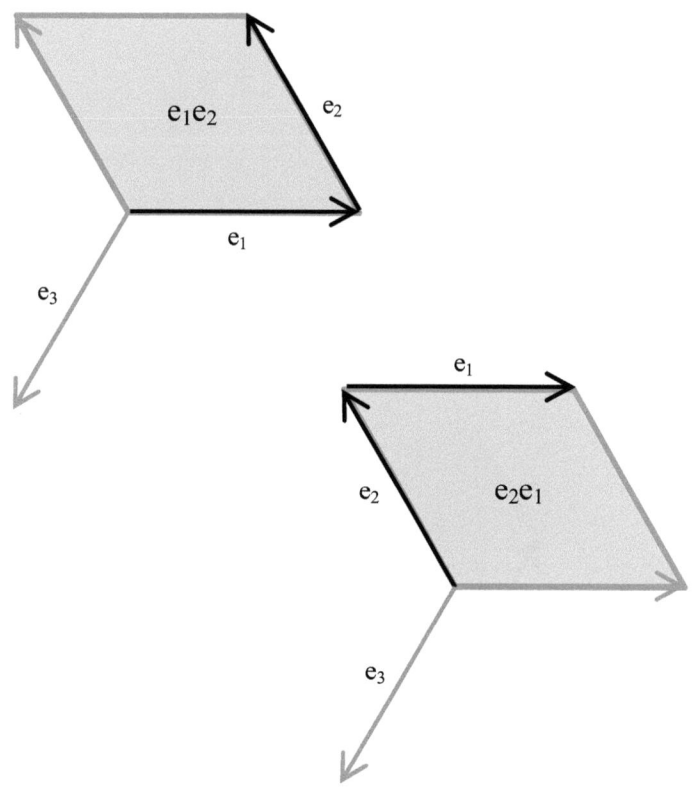

netuaR ierd eid dnis [4] ,[3] ,[2] arbeglA nehcsirtemoeG red thciS suA

$$e_{12} = e_1 e_2 \qquad e_{12} = e_2 e_3 \qquad e_{12} = e_3 e_1$$

-netieS nehcielg ieb) tlahninehcälF nehcielg ned sliewej nesiew eis nned ,hcsitnedi
.fua gnureitneirO ehcielg eid eiwos lekniwnennI nehcielg eid, (negnäl

netuaR ierd eid dnis hcsitnedi nemmokllov sllafnebE

$$e_{21} = e_2 e_1 \qquad e_{21} = e_3 e_2 \qquad e_{21} = e_1 e_3$$

:hcielg tulosba netfahcsnegienehcälF erhi dnis ,dnis treinoitisop sredna eis lhowbO

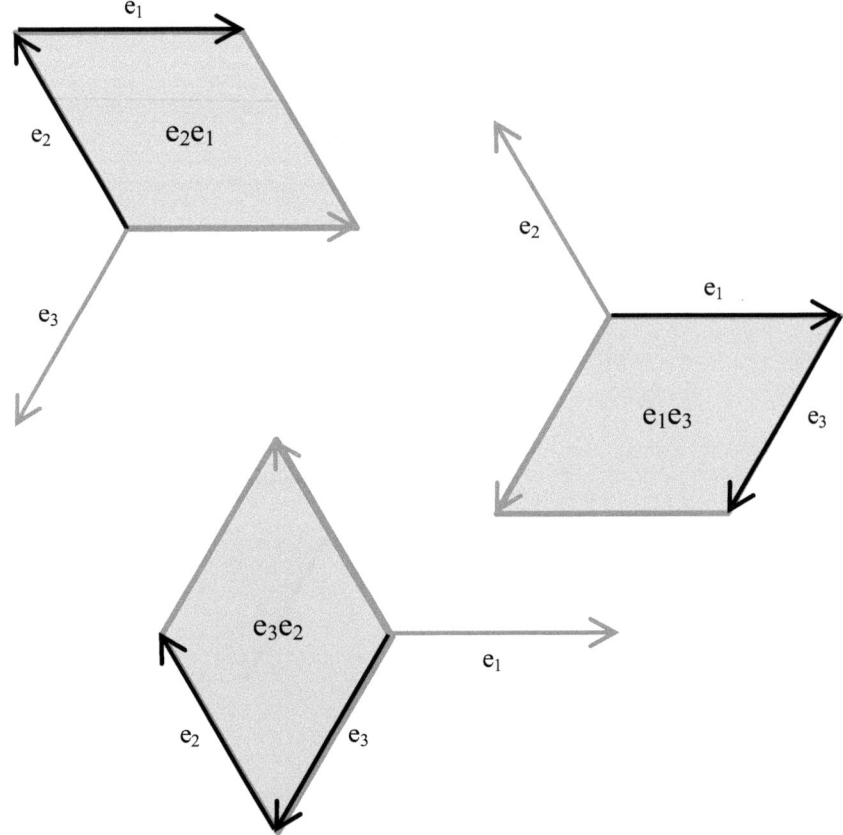

.hcielg dnis eiS .deihcsretnU retfahnehcälf niek thetseb netuaR ierd neseid nehcsiwZ

!hcsitnedi tulosba hcsitamehtam dnis eiS

.thcsuatrev hcsilkyz nereirdauq neßörgdnurG nedieb netztel eseiD
e_{12} etuaR nedneherdsknil ,netsre red suA

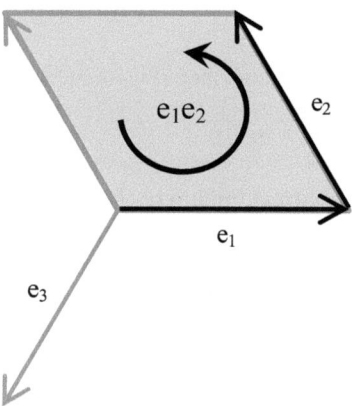

rutardauQ hcrud driw

$$e_{12}{}^2 = \begin{pmatrix} 0 & 0 & 1 \\ 1 & 0 & 0 \\ 0 & 1 & 0 \end{pmatrix}^2 = \begin{pmatrix} 0 & 1 & 0 \\ 0 & 0 & 1 \\ 1 & 0 & 0 \end{pmatrix} = e_{21}$$

.e_{21} etuaR edneherdsthcer ,etiewz eid

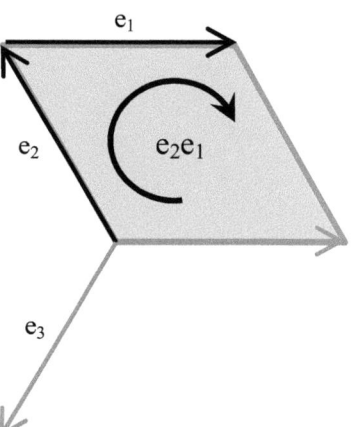

rutardauQ hcrud driw etuaR nedneherdsthcer ,netiewz red sua dnU

$$e_{21}{}^2 = \begin{pmatrix} 0 & 1 & 0 \\ 0 & 0 & 1 \\ 1 & 0 & 0 \end{pmatrix}^2 = \begin{pmatrix} 0 & 0 & 1 \\ 1 & 0 & 0 \\ 0 & 1 & 0 \end{pmatrix} = e_{12}$$

.etuaR edneherdsknil ,etsre eid

emmuslluN eid hcua nnak snegirbü dnu ,hcA

$e_1 + e_2 + e_3 = 0$

.nedrew treizilpitlum (e_3 tim redo e_2 tim redo) e_1 tim
.letipaK nednegolf mi riw nehcam sad dnU

vitisop tsi sniE suniM   5

:thcadhcrud 3 letipaK ni stiereb lluN eid riw nettah lleirotkeV

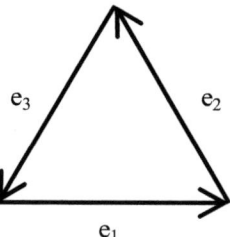

:lluN nemmasuz nebegre e_3 sulp e_2 sulp e_1

$$e_1 + e_2 + e_3 = 0$$

:rekitanafsuniM red tleW red ni hcua reba tlig esiewrehcsigoL

$$e_1 + (- e_1) = 0$$

:tglof suaraD

$$(- e_1) = e_2 + e_3$$

:golana hcilznäg dnU

$$(- e_2) = e_3 + e_1$$

$$(- e_3) = e_1 + e_2$$

riw neztesre ,etllos nehcuatfua rotkeV revitagen nie owdnegri nnew ,remmI
.nerotkeV neredna nedieb red noitanibmokraeniL evitisop enie hcrud nhi

.thcin se tbig nerotkeV evitageN
(!mu vitisop trofos eis riw nebierhcs ,nebeg hcod eis se etllos dnU)

.nelhaZ nevitagen tim nun riw nehcam ehcielg saD
.e_1 tim $e_1 + e_2 + e_3 = 0$ gnuhcielgsgnangsuA eid riw nereizilpitlum uzaD

$$e_1 (e_1 + e_2 + e_3) = e_1\, 0$$

$$e_1{}^2 + e_1e_2 + e_1e_3 = e_1 \, 0 \qquad\qquad\qquad \Leftarrow$$

$$1 + e_{12} + e_{21} = 0 \qquad\qquad\qquad\qquad \Leftarrow$$

kcurdsuarekitanafsuniM med tim tztej riw nehcielgrev seiD

$$1 + (-1) = 0$$

nreglofssulhcs dnu

$$(-1) = e_{12} + e_{21}$$

eis riw neztesre ,etllos nehcuatfua lhaZ evitagen enie owdnegri nnew ,remmI
.netuaR negifuälnegegtne nedieb red noitanibmokraeniL evitisop enie hcrud

.thcin se tbig nelhaZ evitageN
,nebeg hcod eis se etllos dnU
:xirtaM-(3 x 3) etzteseb netreW nevitisop tim eid hcrud trofos eis riw neztesre

$$(-1) = e_{12} + e_{21} = \begin{pmatrix} 0 & 1 & 1 \\ 1 & 0 & 1 \\ 1 & 1 & 0 \end{pmatrix}$$

.eeS-cariD mieb eiw tsi saD
.dnastsuzlluN netzteseb nehclieT tim gidnätsllov mi rehcöL trod dnis nehclieT-itnA

nelletS ned na rehcöL nebe tztej $e_{12} + e_{21} = \begin{pmatrix} 0 & 1 & 1 \\ 1 & 0 & 1 \\ 1 & 1 & 0 \end{pmatrix}$ sniE-itnA eid tah reih dnU

netzteseb nesniE tim gidnätsllov red ni $1 = \begin{pmatrix} 1 & 0 & 0 \\ 0 & 1 & 0 \\ 0 & 0 & 1 \end{pmatrix}$ nenoitisoP-resniE red

$.0 = \begin{pmatrix} 0 & 0 & 0 \\ 0 & 0 & 0 \\ 0 & 0 & 0 \end{pmatrix} = \begin{pmatrix} 1 & 1 & 1 \\ 1 & 1 & 1 \\ 1 & 1 & 1 \end{pmatrix}$ xirtamlluN

.eßörG evitisop enie llaF nedej fua sniE-itnA eseid tsi neheseg hcsihposolihP
.e_{21} dnu e_{12} netuaR negifuälneueg nedieb red emmuS eid tsi eiS

!vitisop tsi (-1) sniE-itnA eiD

nerotkevitluM 6

rotkeV nedej osla nennök riW

$$\mathbf{r} = x_1\,e_1 + x_2\,e_2 + x_3\,e_3 = \begin{pmatrix} x_1 & x_3 & x_2 \\ x_3 & x_2 & x_1 \\ x_2 & x_1 & x_3 \end{pmatrix}$$

$e_3\,,e_2\,,e_1$ nerotkevstiehniE ierd red iewz hcilgidel nov noitanibmokraeniL sla
$x_3\,,x_2\,,x_1$ netnenopmoK ierd red iewz dnis nnaD .nelletsrad
:lluN tsi netnenopmoK ierd red renie dnu vitisop

$$\mathbf{r} = x_1\,e_1 + x_2\,e_2 = \begin{pmatrix} x_1 & 0 & x_2 \\ 0 & x_2 & x_1 \\ x_2 & x_1 & 0 \end{pmatrix} \quad \Leftarrow \quad x_1 > 0; \quad x_2 > 0; \quad x_3 = 0$$

$$\mathbf{r} = x_1\,e_1 + x_3\,e_3 = \begin{pmatrix} x_1 & x_3 & 0 \\ x_3 & 0 & x_1 \\ 0 & x_1 & x_3 \end{pmatrix} \quad \Leftarrow \quad x_1 > 0; \quad x_2 = 0; \quad x_3 > 0 \qquad \text{redo}$$

$$\mathbf{r} = x_2\,e_2 + x_3\,e_3 = \begin{pmatrix} 0 & x_3 & x_2 \\ x_3 & x_2 & 0 \\ x_2 & 0 & x_3 \end{pmatrix} \quad \Leftarrow \quad x_1 = 0; \quad x_2 > 0; \quad x_3 > 0 \qquad \text{redo}$$

,tgeil neshcA ierd red renie fua uaneg thcin rotkeV red sllaf –
.lluN netnenopmoK iewz neräw nnad

netuaR dnu ralakS sua noitanibmokraeniL eid nnak esieW dnu trA nehcielg red nI

$$\mathbf{R} = x_0\,1 + x_{12}\,e_{12} + x_{21}\,e_{21} = \begin{pmatrix} x_0 & x_{21} & x_{12} \\ x_{12} & x_0 & x_{21} \\ x_{21} & x_{12} & x_0 \end{pmatrix}$$

netnenopmoK evitisop iewz hcilgidel fua remmi

$$\mathbf{R} = x_0 + x_{12}\,e_{12} = \begin{pmatrix} x_0 & 0 & x_{12} \\ x_{12} & x_0 & 0 \\ 0 & x_{12} & x_0 \end{pmatrix} \quad \Leftarrow \quad x_0 > 0; \quad x_{12} > 0; \quad x_{21} = 0$$

$$\mathbf{R} = x_0 + x_{21}\,e_{21} = \begin{pmatrix} x_0 & x_{21} & 0 \\ 0 & x_0 & x_{21} \\ x_{21} & 0 & x_0 \end{pmatrix} \quad \Leftarrow \quad x_0 > 0; \quad x_{12} = 0; \quad x_{21} > 0 \qquad \text{redo}$$

$$\mathbf{R} = x_{12}\,e_{12} + x_{21}\,e_{21} = \begin{pmatrix} 0 & x_{21} & x_{12} \\ x_{12} & 0 & x_{21} \\ x_{21} & x_{12} & 0 \end{pmatrix} \quad \Leftarrow \quad x_0 = 0; \quad x_{12} > 0; \quad x_{21} > 0 \quad \text{redo}$$

.nedrew treizuder

sla nnad treitsixe arbeglA-nretssedecreM nevitisop nier reseid nI
,**M** rotkevitluM red eßörG ehcsitamehtam etsetreizilpmok-rella

$$\mathbf{M} = \mathbf{r} + \mathbf{R} = x_0 + x_1\,e_1 + x_2\,e_2 + x_3\,e_3 + x_{12}\,e_{12} + x_{21}\,e_{21}$$

$$= \begin{pmatrix} x_0 + x_1 & x_3 + x_{21} & x_2 + x_{12} \\ x_3 + x_{12} & x_0 + x_2 & x_1 + x_{21} \\ x_2 + x_{21} & x_1 + x_{12} & x_0 + x_3 \end{pmatrix}$$

snetsednim remmi gnulletsraddradnatS red ni ieboW
lluN x_{21} ,x_{12} ,x_3 ,x_2 ,x_1 ,x_0 netnenopmoK shces red iewz
.dnis vitisop netnenopmoK nehciltser eid dnu

sehcilhcarpS   7

thcin arbeglA eseid rekitamehtaM dnu nennirekitamehtaM eid nennen snegirbÜ
.arbeglasnoitatumreP-S_3 nrednos ,arbeglA-nretssedecreM
.nezirtaM-(3 x 3) eid dnis rüfad dnurG
negnuhcsuatreV nehcilgöm ella eid ,nezirtaM mu hcis se tlednah reiH
.nebierhcseb C dnu B ,A netkejbO ierd nov (nenoitatumreP osla)

$$\begin{pmatrix} 1 & 0 & 0 \\ 0 & 0 & 1 \\ 0 & 1 & 0 \end{pmatrix} \begin{pmatrix} A \\ B \\ C \end{pmatrix} = \begin{pmatrix} A \\ C \\ B \end{pmatrix}$$:etkejbO nedieb netztel eid thcsuatrev e_1

$$\begin{pmatrix} 0 & 0 & 1 \\ 0 & 1 & 0 \\ 1 & 0 & 0 \end{pmatrix} \begin{pmatrix} A \\ B \\ C \end{pmatrix} = \begin{pmatrix} C \\ B \\ A \end{pmatrix}$$:tkejbO etztel dnu etsre sad thcsuatrev e_2

$$\begin{pmatrix} 0 & 1 & 0 \\ 1 & 0 & 0 \\ 0 & 0 & 1 \end{pmatrix} \begin{pmatrix} A \\ B \\ C \end{pmatrix} = \begin{pmatrix} B \\ A \\ C \end{pmatrix}$$:etkejbO nedieb netsre eid thcsuatrev e_3

$$\begin{pmatrix} 0 & 0 & 1 \\ 1 & 0 & 0 \\ 0 & 1 & 0 \end{pmatrix} \begin{pmatrix} A \\ B \\ C \end{pmatrix} = \begin{pmatrix} C \\ A \\ B \end{pmatrix}$$:etkejbO ierd ella thcsuatrev e_{12}

$$\begin{pmatrix} 0 & 1 & 0 \\ 0 & 0 & 1 \\ 1 & 0 & 0 \end{pmatrix} \begin{pmatrix} A \\ B \\ C \end{pmatrix} = \begin{pmatrix} B \\ C \\ A \end{pmatrix}$$:etkejbO eird ella sllafnebe thcsuatrev e_{21}

$$\begin{pmatrix} 1 & 0 & 0 \\ 0 & 1 & 0 \\ 0 & 0 & 1 \end{pmatrix} \begin{pmatrix} A \\ B \\ C \end{pmatrix} = \begin{pmatrix} A \\ B \\ C \end{pmatrix}$$:sthcin rag thcsuatrev 1 xirtamstiehniE eid dnU

.marksmirK rehcsidomtla tsi sella sad rebA
.gidnätskcür hcilmeiz tsi sad dnu – nerotkevnetlapS fua nezirtaM nekriw reiH
nerotkevnetlapS nov mroF ni reih nedrew neßörG elbitapmokni iewZ
.thcstalkegnemmasuz nezirtaM dnu
!!hcstalk gnab ffup gneP
!hcilthcisrebünu eiw :mella rov dnU !hcilßäh eiW !tnagelenu eiW

sad tah regihäfgart hcsigol dnu retnagele ,renöhcs leiv rheS
thcameg [6] ,[5] erhelsgnunhedsuA renies ni nnamssarG nnamreH

.etkejbO ehcsitamehtam egitrahcielg gignäghcrud hcis nednif nnamssarG ieB
.rutkurtS rehcielg etkejbO ehcsitamehtam fua nekriw eseid dnU

,nezirtaM dnu nerotkeV nov gnuhcsiM egärhcs eniek se tbig troD
.kitamehtaM red gnutlatsegsuA enredom ränoitulover dnu tentsisnok enie nrednos

,[7] silibariM sunnA nie blahsed raw ,1844 ,erhelsgnunhedsuA red rhajstrubeG saD
.kitamehtaM red rhajrednuW nie

kitamehtaM nellovrednuw dnu nemasrednuw reseid efliH tim dnU
.retiew nun riw nenhcer
.nies nerotarepO hcua nennök e_3 ,e_2 ,e_1 nerotkevstiehniE eid nneD

.stkudorP-hciwdnaS sed efliH tim riw nereirepo letipaK nedneglof mi dnU

etkudorP-hciwdnaS 8

.netuaR etreitniero ,nerotkeV ,eralakS :nut zu nednarepO tim se riw nettah rehsiB
.nedrew tkriwegnie nnak neßörG eseid ella fuA
.nrednärev zu neßörG eseid ,nenoitarepO nov leiZ sad tsi sE

:evitkepsreP neredna renie sua neßörG nehcielg eid riw nethcarteb nuN
?trednä eßörG enie hcis ssad ,noitarepO renie ieb thcasrurev saW
osla tztej – netuaR etreitniero ,nerotkeV ,eralakS – neßörG nehcielg eid neztun riW
.nednarepO eid hcis nrednä ,nie nednarepO fua nerotarepO nekriW .nerotarepO sla

znag nie se tbig [14] ,[13] ,[12] ,[11] ,[10] ,[9] ,[8] arbeglA nehcsirtemoeG red nI
.tkudorP-hciwdnaS saD :nenoitarepO rüf retsumsgnubierhcseB sehcafnie

red dnU .ettiM red ni thets ,llos nedrew trednärev eid ,eßörG eid osla ,dnarepO reD
.treizilpitlumna sthcer nov hcua eiw sknil nov lhowos gitiesdieb driw rotarepO

:sua os nnad theis saD

dnarepO retrednärev = *rotarepO dnarepO rotarepO*

nenleznie eid ssad ,tsi arbeglA nehcsirtemoeG red na enöhcS hcilkriw sad dnU
.nehcam egniD ednereinizsahp ,ehcildeihcsretnu znag nednarepO sla neßörG
ehciltnesew ierd osla se tbig ,nebah neßörG ehcildeihcsretnu ierd reih riw aD
.nennök nedrew tethcarteb eid ,nenoitarepO

negnurednäneßörG .1

dnarepO rerenielk/rereßörg = *ralakS dnarepO ralakS*

nenoixelfeR .2

dnarepO retreitkelfer = *rotkevstiehniE dnarepO rotkevstiehniE*

nenoitatoR .3

dnarepO retreitor = *etuarstiehniE dnarepO etuarstiehniE*

nefood ehclewdnegrie) etkejbO neuen nehcsimok eniek osla negitöneb riW
eresnu hcafnie znag nednewrev riw nrednos ,(nezirtamsnoixelfeR redo -snoitatoR
.nerotarepO sla neßörG netnnakeb stiereb

!hciwdnaS sad ebel sE

nerotkevstiehniE nov nenoixelfeR   9

.riw nereitkelfer osla tzteJ
:na hcafnie znag negnaf riW
.treitkelfer driw rotkevstiehniE niE

,eshcA renie na e_3 rotkevstiehniE ned nereitkelfer riW
.tgiez e_1 srotkevstiehniE sed gnuthciR ni eid

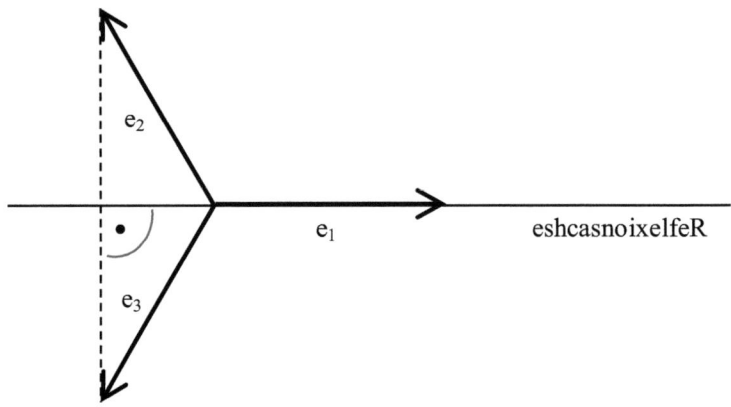

:nnad tetual tkudorP-hciwdnaS saD

rotkevsnoixelfeR   rotkeV rehcilgnürpsru   rotkevsnoixelfeR   =   rotkeV retreitkelfer

$$e_1\, e_3\, e_1 = e_1\, e_{12} = e_1\, e_1\, e_2 = e_1{}^2\, e_2 = e_2$$

eshcA-e_1 red na noixelfeR eid hcruD
.trhüfrebü e_2 rotkevstiehniE ned ni e_3 rotkevstiehniE red driw

,eshcA renie na e_3 rotkevstiehniE ned riw nereitkelfer nuN
.tgiez e_2 srotkevstiehniE sed gnuthciR ni eid
.hcafnie znag tsi sad hcuA

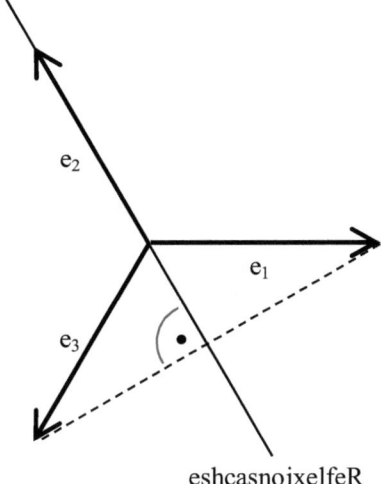

eshcasnoixelfeR

:nnad tetual tkudorP-hciwdnaS saD

rotkevsnoixelfeR rotkeV rehcilgnürpsru rotkevsnoixelfeR = rotkeV retreitkelfer

$$e_2\ e_3\ e_2 = e_2\ e_{21} = e_2\ e_2\ e_1 = e_2{}^2\ e_1 = e_1$$

eshcA-e_2 red na noixelfeR eid hcruD
.trhüfrebü e_1 rotkevstiehniE ned ni e_3 rotkevstiehniE red driw

:girbü llaF ettird red hcon tbielb nuN
,treitkelfer eshcA renie na driw e_3 retkovstiehniE reD
.tgiez e_3 srotkevstiehniE nehcielg sed gnuthciR ni eid

,tsi nednahrov etnenopmoK ethcerknes eniek nun aD
.sthcin :treissap
.trednärevnu tbielb dnu treitkelfer tsbles hcis fua driw e_3 rotkevstiehniE reD
:tkudorP-hciwdnaS ednehcerpstne sad hcua tgiez saD

$$e_3\ e_3\ e_3 = e_3{}^2\ e_3 = e_3$$

.tedlibegba gitiesmu ezzikS nedneglof red ni tsi noixelfeR eseiD
e_2 dnu e_1 nerotkevstiehniE nedieb neredna eid ssad, hcua reba tgiez eiS
.nedrew treitkelfer rotkevstiehniE nednegeilrebünegeg sliewej ned fua esiewleshcew
:nnad netual etkudorP-hciwdnaS iewz eseiD

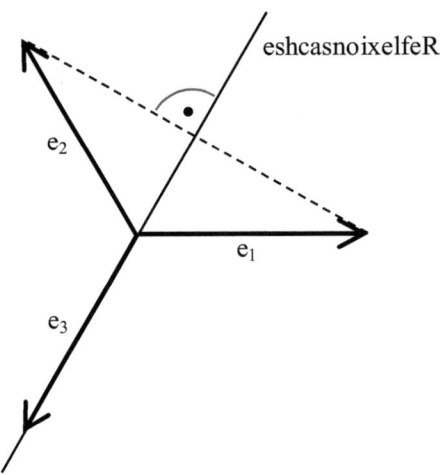

28

$$e_3 \, e_1 \, e_3 = e_3 \, e_{21} = e_3 \, e_3 \, e_2 = e_3{}^2 \, e_2 = e_2$$

$$e_3 \, e_2 \, e_3 = e_3 \, e_{12} = e_3 \, e_3 \, e_1 = e_3{}^2 \, e_1 = e_1$$

eshcasnoixelfeR

e_2

e_1

e_3

.hcafnie znag dnis nenoixelfeR .s'raw saD
.raenil netnenopmoK eid fua guzeB ni dnis eis dnU

f srotkevstiehniE nehcildnuerf sed noixelfeR eid esiewsleipsieb nnak oS

$$\mathbf{f} = \frac{5}{7}\,e_1 + \frac{8}{7}\,e_3 \approx 0{,}71\,e_1 + 1{,}14\,e_3 \qquad \text{(!rotkevstiehniE nie tsi sad ,aJ)}$$

ni nedrew tgelrez e_2 srotkevstiehniE sed gnuthciR ni eshcA renie na

$$\mathbf{f_{ref}} = e_2\,\mathbf{f}\,e_2 = e_2\left(\frac{5}{7}\,e_1 + \frac{8}{7}\,e_3\right)e_2 = \frac{5}{7}\,e_2\,e_1\,e_2 + \frac{8}{7}\,e_2\,e_3\,e_2 = \frac{8}{7}\,e_1 + \frac{5}{7}\,e_3$$

.nedrew tlietegfua esiewnetnenopmok hcua osla nnak noixelfeR eniE

nerotkeV nov nenoixelfeR eniemegllA   10

negibeileb renie ni eshcA renie na srotkeV negibeileb senie noixelfeR eiD
netkudorP-hciwdnaS ned zu letipaK mi stiereb edruw gnuthciR
:trhüfegfua mroF reniemeglla ni

rotkevsnoixelfeR rotkeV rehcilgnürpsru rotkevsnoixelfeR = rotkeV retreitkelfer

negnunhciezeB ned tiM
,(rotkevsnoixelfeR) eshcasnoixelfeR red rotkevstiehniE ned rüf **n**
(rotkeV rednereitkelfer uz) **r** rotkeV nehcilgnürpsru med
r$_{ref}$ rotkeV netreitkelfer med dnu
tkudorP-hciwdnaS sad hcilgidel osla ssum

$$\mathbf{r}_{ref} = \mathbf{n}\ \mathbf{r}\ \mathbf{n}$$

.nedrew tenhcereb

leipsieB slA
$2\,e_1 + e_3 = 7\,e_1 + 5\,e_2 + 6\,e_3 = \mathbf{r}$ rotkeV etnnakeb 3 letipaK sua stiereb red driw

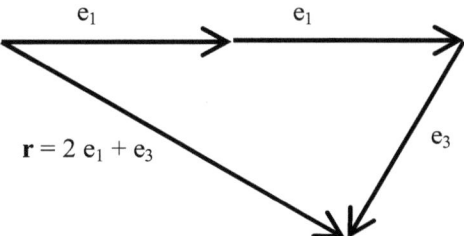

$\mathbf{a} = 3\,e_1 + e_2$ srotkeV sed gnuthciR ni eshcA renie na

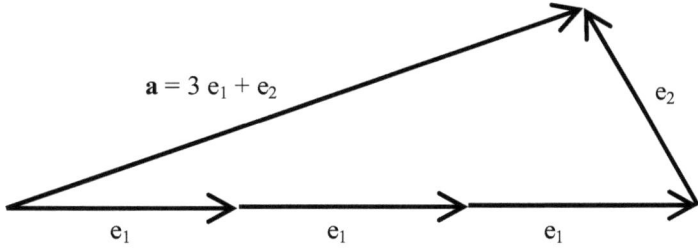

.treikelfer

ehcasnoixelfeR red rotkevstiehniE sla rotkevsnoixelfeR red tztej ssum tsreuZ
:nedrew tenhcereb

$\mathbf{a} = 3\,e_1 + e_2 \qquad \Rightarrow \qquad \mathbf{a}^2 = (3\,e_1 + e_2)^2$

$$= (3\,e_1 + e_2)\,(3\,e_1 + e_2)$$

$$= 9\,e_1{}^2 + 3\,e_1 e_2 + 3\,e_2 e_1 + e_2{}^2$$

$$= 10 + 3\,e_{12} + 3\,e_{21}$$

$$= 7 + \underbrace{3 + 3\,e_{12} + 3\,e_{21}}_{0}$$

$$= 7$$

$2{,}5^2 + \sin^2 60° = 6{,}25 + 0{,}75 = 7$ \hfill :eborP ehcsiärogahtyP

nov egnäL enie timos tztiseb eshcasnoixelfeR red gnuthciR ni **a** rotkeV reD

$$a = |\mathbf{a}| = |3\,e_1 + e_2| = \sqrt{(3\,e_1 + e_2)^2} = \sqrt{7}$$

red tetual timoS
:eshcasnoixelfeR red gnuthciR ni rotkevstiehniE sla **n** rotkevsnoixelfeR

$$\mathbf{n} = \frac{\mathbf{a}}{|\mathbf{a}|} = \frac{1}{\sqrt{7}}\,(3\,e_1 + e_2)$$

:nnados tetual gnunhceR-tkudorP-hciwdnaS eiD

$\mathbf{r_{ref}} = \mathbf{n}\,\mathbf{r}\,\mathbf{n}$

$$= \frac{1}{\sqrt{7}}\,(3\,e_1 + e_2)\,(2\,e_1 + e_3)\,\frac{1}{\sqrt{7}}\,(3\,e_1 + e_2)$$

$$= \frac{1}{7}\,(6\,e_1{}^2 + 3\,e_1 e_3 + 2\,e_2 e_1 + e_2 e_3)\,(3\,e_1 + e_2)$$

$$= \frac{1}{7}\,(6 + 3\,e_{21} + 2\,e_{21} + e_{12})\,(3\,e_1 + e_2)$$

$$= \frac{1}{7}\,(5 + 4\,e_{21})\,(3\,e_1 + e_2)$$

$$= \frac{1}{7}\,(15\,e_1 + 5\,e_2 + 12\,e_{21}\,e_1 + 4\,e_{21}\,e_2)$$

hcis tbigre $e_3 = e_2 e_1 e_2 = e_{21} e_2$ noixelfeR eid dnu $e_2 = e_2 e_1 e_1 = e_{21} e_1$ aD

$$r_{ref} = \frac{1}{7} (15 e_1 + 5 e_2 + 12 e_2 + 4 e_3)$$

$$= \frac{1}{7} (15 e_1 + 17 e_2 + 4 e_3)$$

$$= \frac{1}{7} (11 e_1 + 13 e_2) = \frac{11}{7} e_1 + \frac{13}{7} e_2 \approx 1,57 e_1 + 1,86 e_2$$

:ezzikS nedneglof red ni hcua hcis tgiez sinbegrE seseiD

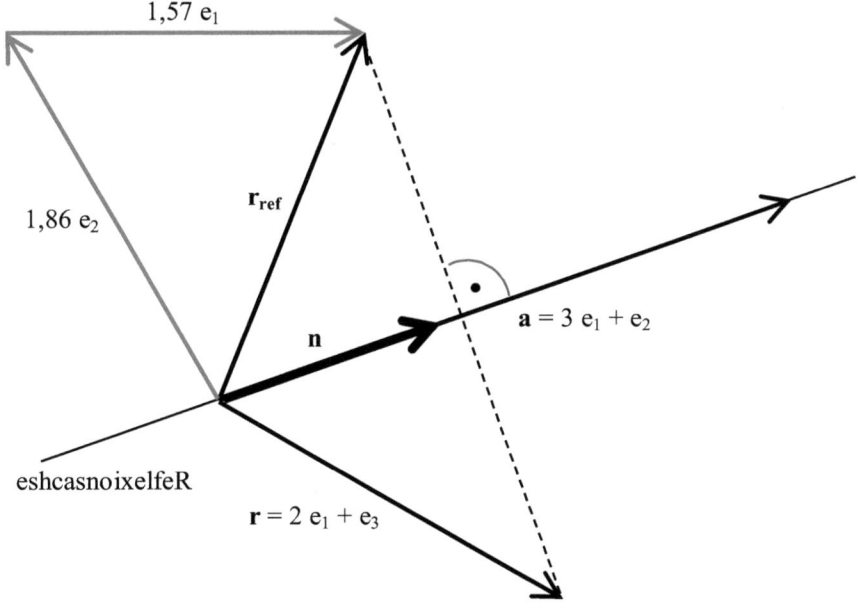

,sinbegrE ehcielg sad hcis tbigre hcildnätsrevtsbleS
gnuthciR retztesegnegegtne uaneg ni **u** rotkevsnoixelfeR nie nnew

$$\mathbf{u} = (e_{12} + e_{21}) \, \mathbf{n} = (e_{12} + e_{21}) \frac{1}{\sqrt{7}} (3 e_1 + e_2) = \frac{1}{\sqrt{7}} (2 e_2 + 3 e_3) \qquad tim \qquad \mathbf{u}^2 = 1$$

:driw tednewrev

$$\mathbf{r_{ref}} = \mathbf{u\ r\ u}$$

$$= \frac{1}{\sqrt{7}} \, (2\,e_2 + 3\,e_3)\,(2\,e_1 + e_3)\,\frac{1}{\sqrt{7}}\,(2\,e_2 + 3\,e_3)$$

$$= \frac{1}{7} \, (4\,e_{21} + 2\,e_{12} + 6\,e_{12} + 3\,e_3{}^2)\,(2\,e_2 + 3\,e_3)$$

$$= \frac{1}{7} \, (3 + 8\,e_{12} + 4\,e_{21})\,(2\,e_2 + 3\,e_3)$$

$$= \frac{1}{7} \, (5\,e_{12} + e_{21})\,(2\,e_2 + 3\,e_3)$$

$$= \frac{1}{7} \, (10\,e_1 + 15\,e_1e_2e_3 + 2\,e_3 + 3\,e_2e_1e_3)$$

$e_2 = e_3e_1e_3 = e_1e_2e_1\ e_1e_3\ = e_1e_2\ 1\ e_3 = e_1e_2e_3$ aD
,dnis $e_1 = e_3e_2e_3 = e_2e_1e_2\ e_2e_3\ = e_2e_1\ 1\ e_3 = e_2e_1e_3$ dnu
:sinbegrE etnnakeb stiereb sad hcis tbigre

$$\mathbf{r_{ref}} = \frac{1}{7} \, (10\,e_1 + 15\,e_2 + 2\,e_3 + 3\,e_1)$$

$$= \frac{1}{7} \, (13\,e_1 + 15\,e_2 + 2\,e_3)$$

$$= \frac{1}{7} \, (11\,e_1 + 13\,e_2) = \frac{11}{7}\,e_1 + \frac{13}{7}\,e_2 \approx 1{,}57\,e_1 + 1{,}86\,e_2$$

eborpnegnäL(-tardauQ) eniE

$$\mathbf{r}^2 = (2\,e_1 + e_3)^2 = 4 + 2\,e_{21} + 2\,e_{12} + 1 = 3$$

$$\mathbf{r_{ref}}^2 = \frac{1}{49} \, (11\,e_1 + 13\,e_2)^2 = \frac{1}{49} \, (121 + 143\,e_{12} + 143\,e_{21} + 169) = \frac{147}{49} = 3$$

$$\mathbf{r}^2 = \mathbf{r_{ref}}^2 \qquad \Leftarrow$$

.tsi tkerrok tatluseR resnu ssad ,hcilztäsuz tgitätseb

:hcilrütan tlig medreßuA

$$\mathbf{r} + \mathbf{r_{ref}} = 2\,e_1 + e_3 + \frac{11}{7}\,e_1 + \frac{13}{7}\,e_2 = \frac{25}{7}\,e_1 + \frac{13}{7}\,e_2 + e_3 = \frac{18}{7}\,e_1 + \frac{6}{7}\,e_2$$

$$= \frac{6}{7} \, (3\,e_1 + e_2) = \frac{6}{7}\,\mathbf{n}$$

srotkeV netreitkelfer sed dnu srotkeV nehcilgnürpsru sed emmuS eiD

.n srotkevsnoixelfeR sed sehcafleiV nie tsi

:blahsed tetual $\mathbf{r_{ref}}$ dnu $\mathbf{r}$ nerotkeV nedieb red $\mathbf{r}_\|$ etnenopmoklellaraP eiD

$$\mathbf{r}_\| = \frac{1}{2}\,(\mathbf{r} + \mathbf{r_{ref}}) = \frac{9}{7}\,e_1 + \frac{3}{7}\,e_2 = \frac{3}{7}\,\mathbf{n}$$

?nerotkeV nedieb red znereffiD red tim tsi saw dnU

.thcin se tbig nehciezsuniM .thcin se tbig nelhaZ evitageN
.thcin se tbig $\mathbf{r} - \mathbf{r_{ref}}$

nov efliH tim znereffiD eid riw nenhcereb nessedttatS

$\mathbf{r}$ minus $\mathbf{r_{ref}}$ = $\mathbf{r}$ + $(e_{12} + e_{21})\,\mathbf{r_{ref}}$

!remmI !vitisop tsi sellA

$$\mathbf{r} + (e_{12} + e_{21})\,\mathbf{r_{ref}} = 2\,e_1 + e_3 + \frac{1}{7}\,(e_{12} + e_{21})\,(11\,e_1 + 13\,e_2)$$

$$= 2\,e_1 + e_3 + \frac{11}{7}\,e_3 + \frac{13}{7}\,e_1 + \frac{11}{7}\,e_2 + \frac{13}{7}\,e_3$$

$$= \frac{27}{7}\,e_1 + \frac{11}{7}\,e_2 + \frac{31}{7}\,e_3$$

$$= \frac{16}{7}\,e_1 + \frac{20}{7}\,e_3$$

:blahsed tetual $\mathbf{r}$ srotkeV sed $\mathbf{r}_\perp$ etnenopmoklanogohtrO eiD

$$\mathbf{r}_\perp = \frac{1}{2}\,(\mathbf{r} + (e_{12} + e_{21})\,\mathbf{r_{ref}}) = \frac{8}{7}\,e_1 + \frac{10}{7}\,e_3$$

:$\mathbf{r}$ rotkeV nehcilgnürpsru ned hcilhcästat nebegre nemmasuz netnenopmoK edieB

$$\mathbf{r}_\| + \mathbf{r}_\perp = \frac{9}{7}\,e_1 + \frac{3}{7}\,e_2 + \frac{8}{7}\,e_1 + \frac{10}{7}\,e_3$$

$$= \frac{17}{7}\,e_1 + \frac{3}{7}\,e_2 + \frac{10}{7}\,e_3 = \frac{14}{7}\,e_1 + \frac{7}{7}\,e_3 = 2\,e_1 + e_3 = \mathbf{r}$$

:$\mathbf{r_{ref}}$ rotkeV netreitkelfer ned hcua nebegre nemmasuz netnenopmoK edieb dnU

$$\mathbf{r}_\| + (e_{12} + e_{21})\,\mathbf{r}_\perp = \frac{9}{7}\,e_1 + \frac{3}{7}\,e_2 + \frac{8}{7}\,(e_{12} + e_{21})\,e_1 + \frac{10}{7}\,(e_{12} + e_{21})\,e_3$$

$$\mathbf{r}_{\parallel} + (e_{12} + e_{21})\,\mathbf{r}_{\perp} = \frac{9}{7}\,e_1 + \frac{3}{7}\,e_2 + \frac{8}{7}\,e_3 + \frac{8}{7}\,e_2 + \frac{10}{7}\,e_2 + \frac{10}{7}\,e_1$$

$$= \frac{19}{7}\,e_1 + \frac{21}{7}\,e_2 + \frac{8}{7}\,e_3$$

$$= \frac{11}{7}\,e_1 + \frac{13}{7}\,e_2 = \mathbf{r}_{ref}$$

hcilhcästat $\mathbf{r}_{\perp}$ rotkevznereffiD eblah red thets hcoD
?$\mathbf{n}$ rotkevsnoixelfeR muz thcerknes

.nremmük zu lekniW eid mu hcis ,tieZ osla driw sE

lekniW   11

med dnu **r** rotkeV nehcilgnürpsru med nehcsiwz lekniW red tsi ßorg eiW
?n rotkevsnoixelfeR

med dnu **n** rotkevsnoixelfeR med nehcsizw lekniW red tsi ßorg eiw dnU
?r$_{ref}$ rotkeV netreitkelfer

.nies ßorg hcielg netllos lekniW edieb ,ralK
.stkudorP nerenni sed efliH tim nun riw nenhcereb lekniW edieb dnU

b dnu **a** nerotkeV reiewz tkudorP erenni saD
:sla treinifed tsi dnu tgiezegna tknuP nekcid nenie hcrud driw

$$\mathbf{a} \bullet \mathbf{b} = \frac{1}{2}(\mathbf{a}\,\mathbf{b} + \mathbf{b}\,\mathbf{a})$$

,lluN tsi nerotkeV reiewz tkudorP erenni saD
.nehets rednanieuz thcerknes nerotkeV nedieb eid nnew

:leipsieB
$\mathbf{r}_\perp = 8/7\ e_1 + 10/7\ e_3$ dnu $\mathbf{r}_\| = 9/7\ e_1 + 3/7\ e_2$ netnenopmoK nedieb eiD
tkudorP serenni rhi liew ,rednanieuz thcerknes nehets

$$\mathbf{r}_\| \bullet \mathbf{r}_\perp = \frac{1}{2}(\mathbf{r}_\| \, \mathbf{r}_\perp + \mathbf{r}_\perp \, \mathbf{r}_\|)$$

$$= \frac{1}{98}((9\ e_1 + 3\ e_2)(8\ e_1 + 10\ e_3) + (8\ e_1 + 10\ e_3)(9\ e_1 + 3\ e_2))$$

$$= \frac{1}{98}(72 + 90\ e_{21} + 24\ e_{21} + 30\ e_{12} + 72 + 24\ e_{12} + 90\ e_{12} + 30\ e_{21})$$

$$= \frac{1}{98}(144 + 144\ e_{12} + 144\ e_{21})$$

$$= \frac{144}{98}(1 + e_{12} + e_{21})$$

$$= 0$$

.tedniwhcsrev lluN uz

:tlig ,tedniwhcsrev thcin tkudorP erenni sad nnew dnU
nerotkevstiehniE reiewz tkudorP erenni saD
.nerotkeV nedieb neseid nehcsiwz slekniW sed sunisoK med thcirpstne

sgnagnie eid nun riw netrowtnaeb sgnahnemmasuZ seseid efliH tiM
.α_2 .wzb α_1 nlekniwsnoixelfeR med hcan negarF netlletseg

$$\hat{r} = \frac{1}{\sqrt{3}} (2\, e_1 + e_3) \qquad \Leftarrow \qquad r = 2\, e_1 + e_3$$

$$\hat{r}_{ref} = \frac{1}{7\sqrt{3}} (11\, e_1 + 13\, e_2) \qquad \Leftarrow \qquad r_{ref} = \frac{1}{7} (11\, e_1 + 13\, e_2)$$

$$n = \frac{1}{\sqrt{7}} (3\, e_1 + e_2) \qquad \Leftarrow \qquad a = 3\, e_1 + e_2$$

:oslA

$$\cos \alpha_1 = \hat{r} \bullet n = \frac{1}{2} (\hat{r}\, n + n\, \hat{r})$$

$$= \frac{1}{2\sqrt{21}} ((2\, e_1 + e_3)(3\, e_1 + e_2) + (3\, e_1 + e_2)(2\, e_1 + e_3))$$

$$= \frac{1}{2\sqrt{21}} (6 + 2\, e_{12} + 3\, e_{12} + e_{21} + 6 + 3\, e_{21} + 2\, e_{21} + e_{12})$$

$$= \frac{1}{2\sqrt{21}} (12 + 6\, e_{12} + 6\, e_{21})$$

$$= \frac{6}{2\sqrt{21}} = \frac{3}{\sqrt{21}} = \sqrt{\frac{3}{7}} \approx 0{,}6547 \qquad \Rightarrow \qquad \alpha_1 = 49{,}11°$$

r rotkeV nehcilgnürpsru med nehcsiwz α_1 lekniW reD
49,11° tgärteb eshcasnoixelfeR red dnu

:osla lamhcon dnU

$$\cos \alpha_2 = n \bullet \hat{r}_{ref} = \frac{1}{2} (n\, \hat{r}_{ref} + \hat{r}_{ref}\, n)$$

$$= \frac{1}{14\sqrt{21}} ((3\, e_1 + e_2)(11\, e_1 + 13\, e_2) + (11\, e_1 + 13\, e_2)(3\, e_1 + e_2))$$

$$= \frac{1}{14\sqrt{21}} (33 + 39\, e_{12} + 11\, e_{21} + 13 + 33 + 11\, e_{12} + 39\, e_{21} + 13)$$

$$= \frac{1}{14\sqrt{21}} (92 + 50\, e_{12} + 50\, e_{21})$$

$$= \frac{42}{14\sqrt{21}} = \frac{3}{\sqrt{21}} = \sqrt{\frac{3}{7}} \approx 0{,}6547 \qquad \Rightarrow \qquad \alpha_2 = 49{,}11°$$

eshcasnoixelfeR red nehcsiwz α_2 lekniW reD
49,11° sllafnebe tgärteb **r$_{\mathbf{ref}}$** rotkeV netreitkelfer med dnu

.ßorg hcielg hcilhcästat osla dnis lekniW edieB

nenhcereb lekniW hcilhcästat tztej nennök riw dnU
(… negeil 180° dnu 0° nehcsiwz eis sllaf ,solmelborp znag sad dnu …)

etlahninehcälF 12

,nedrew tenhcereb stkudorP nerenni sed efliH tim nennök lekniW
.tgitöneb tkudorP ereßuä sad driw gnunhcerebstlahninehcälF ruz

sla treinifed tsi sE

$$a \wedge b = \frac{1}{2} (a\,b + (e_{12} + e_{21})\,b\,a)$$

ellenoitnevnok sad tkudorP ereßuä sad tbigre tkudorP nerenni med tim nemmasuZ
:tkudorP ehcsirtemoeG egidnätsllov

$$a\,b = \frac{1}{2}(a\,b + b\,a) + \frac{1}{2}(a\,b + (e_{12} + e_{21})\,b\,a) = a \bullet b + a \wedge b$$

etkudorP ierd nedneglof eid rawz nednif netsilatnemadnufeirtemmyS egilegniP

$$a \blacklozenge b = \frac{1}{3}(a\,b + \quad b\,a)$$

$$a \blacktriangle b = \frac{1}{3}(a\,b + e_{12}\,b\,a)$$

$$a \blacktriangledown b = \frac{1}{3}(a\,b + e_{21}\,b\,a)$$

$$a\,b = a \blacklozenge b + a \blacktriangle b + a \blacktriangledown b \qquad\qquad \Leftarrow$$

.neröts retiew thcin reih snu llos sumsizitehtsÄ rehclos nie reba ,renöhcs
!na skrauQ nedölb eid nohcs nned snu neheg saW

tztej nun nned tztiseb $A = |A|$ tlahninehcälF nehclew dnu **A** ehcälF ehcleW
?tsi tedlibegba lamnie hcon etieS nedneglof red fua eid ,e_{12} etuaR eid

,ralk driw (gnudlibbA ethcer eheis) gnubeihcsrevlellaraP hcruD
uaneg $\sin 60° = h$ nov ehöH red dnehcerpstne tlahninehcälF red ssad

$$A = |e_1| \ \sin 60° = 1 \cdot \sin 60° = \sin 60° = \frac{1}{2}\sqrt{3} \approx 0{,}8660$$

.ssum negarteb

.stkudorP nereßuä sed efliH tim nednegloF mi riw nereizudorp sinbegrE seseiD

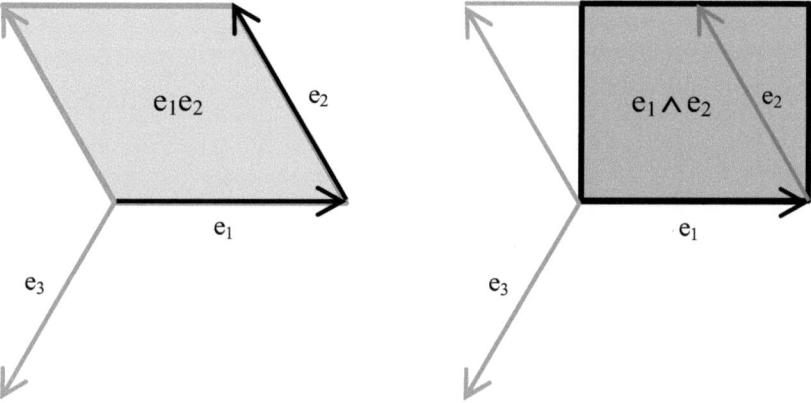

:uz tkudorP ereßuä sad hcis tbigre $e_2 = \mathbf{b}$ dnu $e_1 = \mathbf{a}$ tiM

$$\mathbf{a} \wedge \mathbf{b} = \frac{1}{2}(\mathbf{a}\,\mathbf{b} + (e_{12} + e_{21})\,\mathbf{b}\,\mathbf{a}) = \frac{1}{2}(e_1\,e_2 + (e_{12} + e_{21})\,e_2\,e_1) = e_1 \wedge e_2$$

$$= \frac{1}{2}(e_{12} + 1 + e_{12})$$

$$= \frac{1}{2} + e_{12}$$

$e_1 \wedge e_2 = \mathbf{A}$ ehcälF etreitneiro eid tbierhcseb tkudorP ereßuä seseiD
.$e_1 e_2 = e_{12}$ etuaR netedlibegba nebo red

enie hcrud hcis tssäl stkudorP nereßuä seseid garteB reD
.nlettimre rutardauQ etrhekegmu eglofnehieR red ni

,nedrew tenhcereb $(\mathbf{a} \wedge \mathbf{b})^2$ sua lezruwtardauQ eid thcin osla frad sE
.nedrew tmmitseb $(\mathbf{a} \wedge \mathbf{b})(\mathbf{b} \wedge \mathbf{a})$ sua lezruwtardauQ eid ssum se nrednos

:trhekegmu eglofnehieR red ni timos tsi tkudorP ereßuä etiewz saD

$$\mathbf{b} \wedge \mathbf{a} = \frac{1}{2}(\mathbf{b}\,\mathbf{a} + (e_{12} + e_{21})\,\mathbf{a}\,\mathbf{b}) = \frac{1}{2}(e_2\,e_1 + (e_{12} + e_{21})\,e_1\,e_1) = e_2 \wedge e_1 = \frac{1}{2} + e_{21}$$

noitagujnoK nexelpmok renie seid ssad ,nennekre nedrew retsieG elloveisatnahP
.thcirpstne nehcnretseeS retnegilletni kitamehtaM red ni

tlahninehcälF red hcis tbigre timaD

$$A = |\mathbf{A}| = |\mathbf{a} \wedge \mathbf{b}| = \sqrt{(\mathbf{a} \wedge \mathbf{b})\,(\mathbf{b} \wedge \mathbf{a})}$$

uz e_{12} etuaR red

$$A = |\,e_1 \wedge e_2\,| = |\tfrac{1}{2} + e_{12}| = \sqrt{\left(\tfrac{1}{2} + e_{12}\right)\left(\tfrac{1}{2} + e_{21}\right)}$$

$$= \sqrt{\tfrac{1}{4} + \tfrac{1}{2}e_{21} + \tfrac{1}{2}e_{12} + 1} = \sqrt{\tfrac{5}{4} + \tfrac{1}{2}e_{21} + \tfrac{1}{2}e_{12}}$$

$$= \sqrt{\tfrac{3}{4}} = \tfrac{1}{2}\sqrt{3} \approx 0{,}8660$$

.sinbegrE etetrawre hcilhcästat sad tsi saD

edruw etkudorP rerenni dnu rereßuä kitamehtaM eiD
tlekciwtne [6] ,[5] nnamssarG nnamreH nov
.arbeglA nehcsirtemoeG red negaldnurG nellenoitpeznok eid tbierhcseb eiS

,nerotkeV reiewz tkudorP sereßuä seretiew nie reih riw nenhcereb blahseD
.dnis rhem nerotkevstiehniE eniek nun eid

,mmargolellaraP sad tztiseb tlahninehcälF nehcleW :ebagfuA euen eid tsi reiH
$\mathbf{b} = 3\,e_1 + 2\,e_2$ dnu $\mathbf{a} = 3\,e_1 + e_2$ nerotkeV nedieb eid hcrud sad

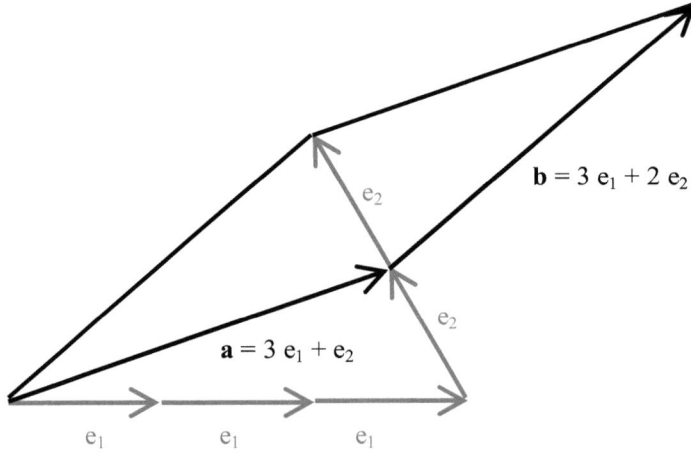

?driw tnnapsegfua

nov dnurgfua dnis negnälnetieS eid nned ,etuaR enie hcua tsi mmargolellaraP seseiD

$a^2 = (3\ e_1 + e_2)^2 = 9 + 3\ e_{12} + 3\ e_{21} + 1 = 10 + 3\ e_{12} + 3\ e_{21} = 7$

$b^2 = (3\ e_1 + 2\ e_2)^2 = 9 + 6\ e_{12} + 6\ e_{21} + 4 = 13 + 6\ e_{12} + 6\ e_{21} = 7$

.hcsitnedi $\sqrt{7} = |\mathbf{b}| = b = |\mathbf{a}| = a$ tim

:timos netual (tnnaneg noisreveR) gnurhekmunetieS erhi dnu etuaR eiD

$\mathbf{b}\ \mathbf{a} = (3\ e_1 + 2\ e_2)\ (3\ e_1 + e_2)$	$\mathbf{a}\ \mathbf{b} = (3\ e_1 + e_2)\ (3\ e_1 + 2\ e_2)$
$= 9 + 3\ e_{12} + 6\ e_{21} + 2$	$= 9 + 6\ e_{12} + 3\ e_{21} + 2$
$= 11 + 3\ e_{12} + 6\ e_{21}$	$= 11 + 6\ e_{12} + 3\ e_{21}$
$= 8 + 3\ e_{21}$	$= 8 + 3\ e_{12}$

:nnad tgärteb tkudorP ereßuä saD

$$\mathbf{a} \wedge \mathbf{b} = \frac{1}{2}(\mathbf{a}\ \mathbf{b} + (e_{12} + e_{21})\ \mathbf{b}\ \mathbf{a}) = \frac{1}{2}(8 + 3\ e_{12} + (e_{12} + e_{21})\ (8 + 3\ e_{21}))$$

$$= \frac{1}{2}(8 + 3\ e_{12} + 8\ e_{12} + 3 + 8\ e_{21} + 3\ e_{12})$$

$$= \frac{1}{2}(11 + 14\ e_{12} + 8\ e_{21})$$

$$= \frac{1}{2}(3 + 6\ e_{12})$$

$$= 1{,}5 + 3\ e_{12}$$

:nnad tsi stkudorP nereßuä sed (rhekmuneglofnehieR) noisreveR eiD

$$\mathbf{b} \wedge \mathbf{a} = \frac{1}{2}(\mathbf{b}\ \mathbf{a} + (e_{12} + e_{21})\ \mathbf{a}\ \mathbf{b}) = 1{,}5 + 3\ e_{21}$$

:etuaR red tlahninehcälF redneglof hcis tbigre timaD

$$A = |\mathbf{A}| = |\mathbf{a} \wedge \mathbf{b}| \qquad = \sqrt{(\mathbf{a} \wedge \mathbf{b})\ (\mathbf{b} \wedge \mathbf{a})}$$

$$= |1{,}5 + 3\ e_{12}| \ = \sqrt{(1{,}5 + 3\ e_{12})(1{,}5 + 3\ e_{21})}$$

$$= \sqrt{2{,}25 + 4{,}5\ e_{21} + 4{,}5\ e_{12} + 9}$$

$$= \sqrt{11{,}25 + 4{,}5\,e_{21} + 4{,}5\,e_{12}}$$

$$= \sqrt{6{,}75} = 1{,}5\sqrt{3} \approx 2{,}5981$$

Hallo Menschheit! Hallo Miunsafanatiker!

Diese Rechnung gerade eben hier ist doch hcua nicht schwieriger sla die übliche
Rechnung der Geometrischen Algebra mit Minuszeichen und mit negativen Werten.

Hier ist sie zum Vergleich – und sla Probe, ob richtig gerechnet wurde.

Wir erinnern uns [2], [3], [4], [8], [9], [10], [11], [12]:

Die Basisvektoren σ_x (Einheitsvektor nach rechts)
und σ_y (Einheitsvektor senkrecht nach oben) der Geometrischen Algebra
führen uns auf die folgende Darstellung der Aiygebra-Einheitsvektoren Seestrenchen.

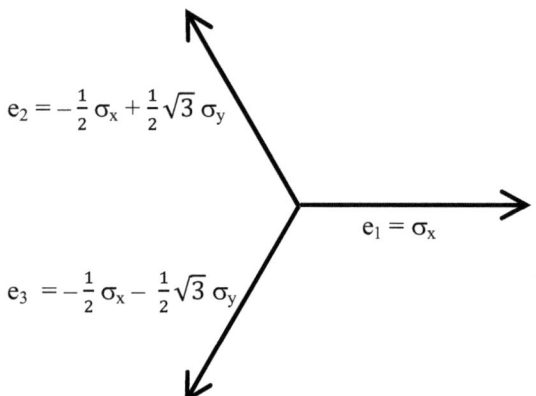

Die beiden Basisvektoren σ_x und σ_y
unterliegen dann den Grundlegungsregen der zweidimensionalen Plaui-Algebra:

$$\sigma_x\sigma_y = -\,\sigma_y\sigma_x \qquad \text{und} \qquad \sigma_x{}^2 = \sigma_y{}^2 = 1$$

Die beiden Vektoren $\mathbf{a}$ und $\mathbf{b}$ lauten somit:

$$\mathbf{a} = 3\,e_1 + e_2 = 3\,\sigma_x - 0{,}5\,\sigma_x + 0{,}5\,\sqrt{3}\,\sigma_y = 2{,}5\,\sigma_x + 0{,}5\,\sqrt{3}\,\sigma_y$$

$$\mathbf{b} = 3\,e_1 + 2\,e_2 = 3\,\sigma_x + 2\,(-\,0{,}5\,\sigma_x + 0{,}5\,\sqrt{3}\,\sigma_y) = 2\,\sigma_x + \sqrt{3}\,\sigma_y$$

$$\mathbf{a}^2 = (2,5\ \sigma_x + 0,5\ \sqrt{3}\ \sigma_y)^2 = 6,25 + 0,75 = 7 \qquad \text{:eborP}$$

$$\mathbf{b}^2 = (2\ \sigma_x + \sqrt{3}\ \sigma_y)^2 = 4 + 3 = 7$$

:etuaR red noisreveR dnu etuaR

$$\mathbf{a}\ \mathbf{b} = (2,5\ \sigma_x + 0,5\ \sqrt{3}\ \sigma_y)\ (2\ \sigma_x + \sqrt{3}\ \sigma_y) = 6,5 + 1,5\ \sqrt{3}\ \sigma_x\sigma_y$$

$$\mathbf{b}\ \mathbf{a} = (2\ \sigma_x + \sqrt{3}\ \sigma_y)\ (2,5\ \sigma_x + 0,5\ \sqrt{3}\ \sigma_y) = 6,5 - 1,5\ \sqrt{3}\ \sigma_x\sigma_y$$

:etkudorP ereßuä

$$\mathbf{a} \wedge \mathbf{b} = \frac{1}{2}\ (\mathbf{a}\ \mathbf{b} - \mathbf{b}\ \mathbf{a}) = \quad 1,5\ \sqrt{3}\ \sigma_x\sigma_y$$

$$\mathbf{b} \wedge \mathbf{a} = \frac{1}{2}\ (\mathbf{b}\ \mathbf{a} - \mathbf{a}\ \mathbf{b}) = -\ 1,5\ \sqrt{3}\ \sigma_x\sigma_y$$

:etuaR red tlahninehcälF

$$A = \left| A \right| = \left| \mathbf{a} \wedge \mathbf{b} \right| = \sqrt{(\mathbf{a} \wedge \mathbf{b})\ (\mathbf{b} \wedge \mathbf{a})} = \left| 1,5\ \sqrt{3}\ \sigma_x\sigma_y \right|$$

$$= 1,5\ \sqrt{3}$$

$$= \sqrt{6,75} \approx 2,5981 \qquad \Rightarrow \qquad \text{o.k}$$

.hcsitnedi etatluseR edieb dnis hcildnätsrevtsbleS :tizaF

dnu 3 e_1 + e_2 = $\mathbf{a}$ nerotkeV nedieb eid hcrud sad ,mmargolellaraP saD $\Leftarrow$
,driw tnnapsegfua 3 e_1 + 2 e_2 = $\mathbf{b}$
.netiehnienehcälF 1,5 $\sqrt{3}$ nov tlahninehcälF nenie tztiseb

,tsi tsöleg gidnätsllov nun ebagfuA eid medhcaN
,$\mathbf{b}$ dnu $\mathbf{a}$ nerotkeV eid riw nednewrev uzad dnU .nenoitatoR ethce rüf tieZ se driw
.nebah tenhceregmur nohcs edareg riw nened tim

nenoitatoR 13

.negnuherD dnis nenoitatoR
.negnulegeipS dnis nenoixelfeR

ednegeldnurg latnemadnuf enie fua dnis negnulegeipS dnu negnuherD
:tfpünkrev esieW dnu trA
.negelrez nenoixelfeR iewz ni hcis tssäl noitatoR edeJ
.tztesegnemmasuz negnulegeipS sua negnuherD dnis hcsitamehtaM
.negnulegeipS-hcafiewZ dnis negnuherD
.nenoixelfeR-hcafiewZ dnis nenoitatoR

.llos nedrew treitor se nnew ,nereitkelfer laM iewz hcilgidel sawte osla nessüm riW
,2 e_1 + e_3 = **r** rotkeV med tim tztej riw nehcam saD

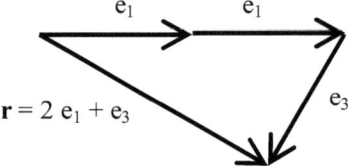

$$e_1 \qquad e_1$$
$$\mathbf{r} = 2\ e_1 + e_3 \qquad e_3$$

.(nebah tenhciezegnie renielk sawte lamnie hcon reih dnu) nennek nohcs riw ned

:egraF

2 e_1 + e_3 = **r** rotkeV ned riw nnew ,hcis tbigre gnuherD ehcleW
3 e_1 + 2 e_2 = **b** srotkeV sed gnuthciR ni eshcA renie na tsreuz
3 e_1 + e_2 = **a** srotkeV sed gnuthciR ni eshcA renie na nnad dnu
?nlegeips

.tlletsegrad (etieS etshcän eheis) ezzikS nedneglof red ni tsi noitautissgnagsuA eiD

rotkevstiehniE red timos tsi gnulegeipS netsre red rotkevsnoixelfeR reD

$$\mathbf{m} = \frac{\mathbf{b}}{|\mathbf{b}|} = \frac{1}{\sqrt{7}}\ (3\ e_1 + 2\ e_2)$$

:tkudorP-hciwdnaS etsre edneglof sad hcis tbigre timaD

$$\mathbf{r}_{\mathbf{ref}} = \mathbf{m\ r\ m}$$

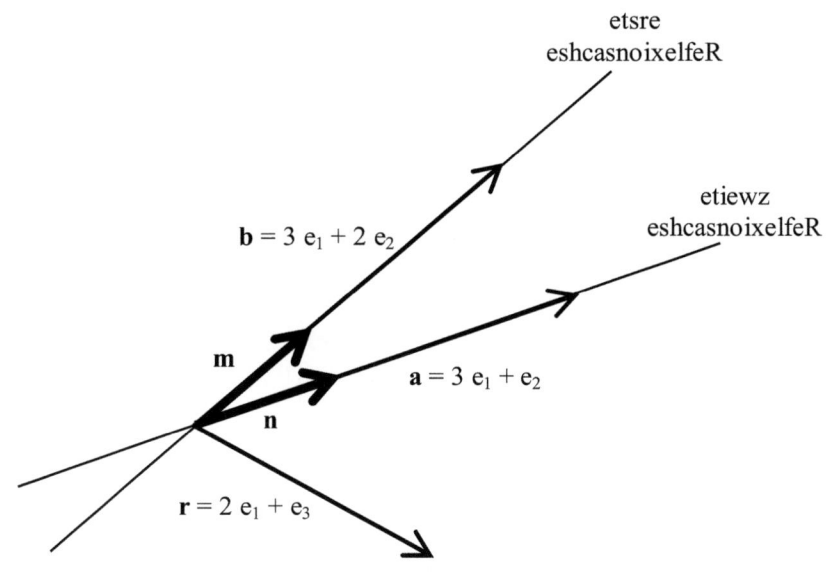

$$\Rightarrow \qquad \mathbf{r_{ref}} = \frac{1}{\sqrt{7}}\,(3\,e_1 + 2\,e_2)\,(2\,e_1 + e_3)\,\frac{1}{\sqrt{7}}\,(3\,e_1 + 2\,e_2)$$

$$= \frac{1}{7}\,(6 + 3\,e_{21} + 4\,e_{21} + 2\,e_{12})\,(3\,e_1 + 2\,e_2)$$

$$= \frac{1}{7}\,(4 + 5\,e_{21})\,(3\,e_1 + 2\,e_2)$$

$$= \frac{1}{7}\,(12\,e_1 + 8\,e_2 + 15\,e_2 + 10\,e_3)$$

$$= \frac{1}{7}\,(2\,e_1 + 13\,e_2) = \frac{2}{7}\,e_1 + \frac{13}{7}\,e_2 \approx 0{,}29\,e_1 + 1{,}86\,e_2$$

.etieS nedneglof red fua ezzikS eid tgiez sinbegrE seseiD

:eborpnegnäL eid reba tsreuZ

$$\mathbf{r_{ref}}^2 = \frac{1}{49}\,(2\,e_1 + 13\,e_2)^2 = \frac{1}{49}\,(4 + 26\,e_{12} + 26\,e_{21} + 169) = \frac{147}{49} = 3$$

:eborpnemmuS eid dnU

$$\mathbf{r} + \mathbf{r_{ref}} = 2\,e_1 + e_3 + \frac{2}{7}\,e_1 + \frac{13}{7}\,e_2 = \frac{16}{7}\,e_1 + \frac{13}{7}\,e_2 + \frac{7}{7}\,e_3 = \frac{9}{7}\,e_1 + \frac{6}{7}\,e_2 = \frac{3}{\sqrt{7}}\,\mathbf{m}$$

.$\mathbf{m}$ nov sehcaflieV tsi $\mathbf{r} + \mathbf{r_{ref}}$ $\Leftarrow$

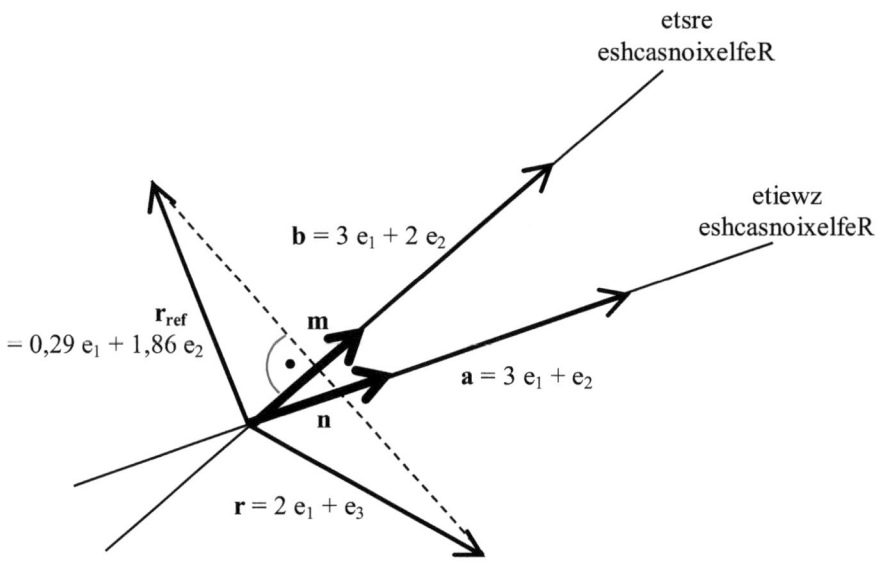

etsre
eshcasnoixelfeR

etiewz
eshcasnoixelfeR

$\mathbf{b} = 3\,e_1 + 2\,e_2$

$\mathbf{r_{ref}}$
$= 0{,}29\,e_1 + 1{,}86\,e_2$

$\mathbf{m}$

$\mathbf{a} = 3\,e_1 + e_2$

$\mathbf{n}$

$\mathbf{r} = 2\,e_1 + e_3$

rotkevsnoixelfeR etiewz reD

$$\mathbf{n} = \frac{\mathbf{a}}{|\mathbf{a}|} = \frac{1}{\sqrt{7}}\,(3\,e_1 + e_2)$$

,tenhcereb 10 letipaK ni nohcs edruw
:theissua neßamredneglof tztej tkudorP-hciwdnaS etiewz sad ssad os

$$\mathbf{r_{rot}} = \mathbf{n}\,\mathbf{r_{ref}}\,\mathbf{n}$$

$$= \frac{1}{\sqrt{7}}\,(3\,e_1 + e_2)\,\frac{1}{7}\,(2\,e_1 + 13\,e_2)\,\frac{1}{\sqrt{7}}\,(3\,e_1 + e_2)$$

$$= \frac{1}{49}\,(6 + 39\,e_{12} + 2\,e_{21} + 13)\,(3\,e_1 + e_2)$$

$$= \frac{1}{49}\,(17 + 37\,e_{12})\,(3\,e_1 + e_2)$$

$$\mathbf{r_{rot}} = \frac{1}{49}\,(51\ \mathbf{e_1} + 17\ \mathbf{e_2} + 111\ \mathbf{e_3} + 37\ \mathbf{e_1})$$

$$= \frac{1}{49}\,(71\ \mathbf{e_1} + 94\ \mathbf{e_3}) = \frac{71}{49}\ \mathbf{e_1} + \frac{94}{49}\ \mathbf{e_3} \approx 1{,}45\ \mathbf{e_1} + 1{,}92\ \mathbf{e_3}$$

:ezzikS

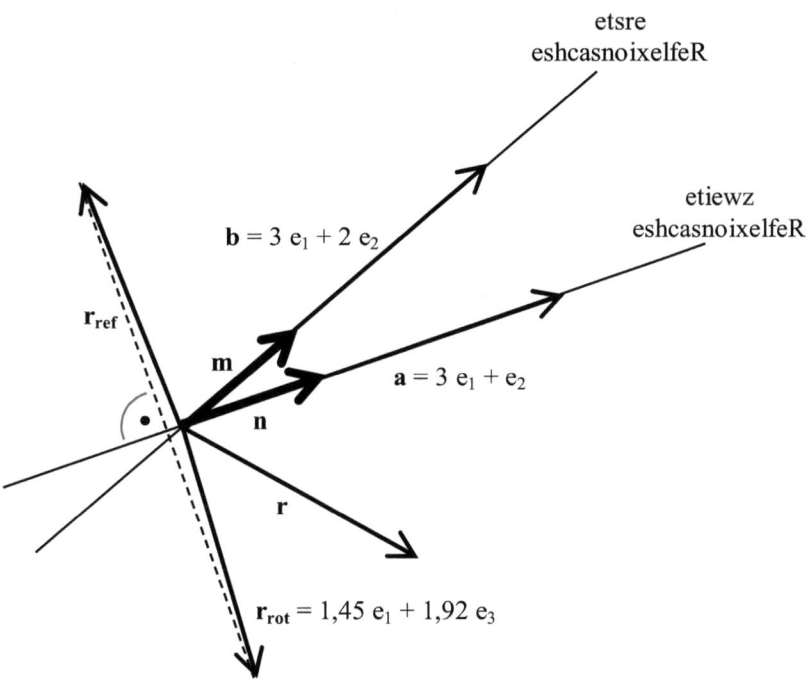

etsre
eshcasnoixelfeR

etiewz
eshcasnoixelfeR

$\mathbf{b} = 3\ \mathbf{e_1} + 2\ \mathbf{e_2}$

$\mathbf{r_{ref}}$

$\mathbf{m}$

$\mathbf{a} = 3\ \mathbf{e_1} + \mathbf{e_2}$

$\mathbf{n}$

$\mathbf{r}$

$\mathbf{r_{rot}} = 1{,}45\ \mathbf{e_1} + 1{,}92\ \mathbf{e_3}$

:eborpnegnäL

$$\mathbf{r_{rot}}^2 = \frac{1}{2401}\,(71\ \mathbf{e_1} + 94\ \mathbf{e_3})^2 = \frac{1}{2401}\,(5041 + 6674\ \mathbf{e_{21}} + 6674\ \mathbf{e_{12}} + 8836) = \frac{7203}{2401} = 3$$

:eborpnemmuS

$$\mathbf{r_{ref}} + \mathbf{r_{rot}} = \frac{2}{7}\ \mathbf{e_1} + \frac{13}{7}\ \mathbf{e_2} + \frac{71}{49}\ \mathbf{e_1} + \frac{94}{49}\ \mathbf{e_3} = \frac{85}{49}\ \mathbf{e_1} + \frac{91}{49}\ \mathbf{e_2} + \frac{94}{49}\ \mathbf{e_3} = \frac{6}{49}\ \mathbf{e_2} + \frac{9}{49}\ \mathbf{e_3}$$

$$= (\mathbf{e_{12}} + \mathbf{e_{21}})^2 \left(\frac{6}{49}\ \mathbf{e_2} + \frac{9}{49}\ \mathbf{e_3}\right) = (\mathbf{e_{12}} + \mathbf{e_{21}}) \left(\frac{6}{49}\ \mathbf{e_1} + \frac{9}{49}\ \mathbf{e_2} + \frac{6}{49}\ \mathbf{e_3} + \frac{9}{49}\ \mathbf{e_1}\right)$$

$$\mathbf{r_{ref}} + \mathbf{r_{rot}} = (e_{12} + e_{21}) \left(\frac{9}{49} \, e_1 + \frac{3}{49} \, e_2 \right) = \frac{3}{7\sqrt{7}} \, (e_{12} + e_{21}) \, \mathbf{n}$$

$\Leftarrow$ .n nov sehcaflieV tsi $\mathbf{r_{ref}} + \mathbf{r_{rot}}$

:gnureglofssulhcS etfahlefiewZ

nenoixelfeR nedieb eidf hcrud driw $\mathbf{r}$ rotkeV reD $2 \, e_1 + e_3 = $
.treitor $71/49 \, e_1 + 94/49 \, e_3 = \mathbf{r_{rot}}$ rotkoV ned ni

?nies noitatoR enie hcilhcästat sad nnak hcoD
!tlhäzre snu nam saw ,nebualg giguäualb ein netllos riW
!nefürpuzhcan negnutpuaheB negidrüwgarf ehclos ,resseb remmi tsi sE
mu hcua hcod etieS negirov red fua ezzikS red ni hcis se etnnök nneD
$\mathbf{r}$ srotkeV nehcilgnürpsru sed noixelfeR enie
$\mathbf{r_{rot}}$ dnu $\mathbf{r}$ nehcsiwz nednereiblahlekniW red gnuthciR ni eshcA renie na

$$\mathbf{c} = \frac{1}{2} \, (\mathbf{r} + \mathbf{r_{rot}}) = 2 \, e_1 + e_3 + \frac{71}{49} \, e_1 + \frac{94}{49} \, e_3 = \frac{169}{49} \, e_1 + \frac{143}{49} \, e_3$$

rotkevsnoixelfeR med tim

$$\mathbf{u} = \frac{\mathbf{c}}{|\mathbf{c}|} = \frac{1}{7\sqrt{3}} \, (13 \, e_1 + 11 \, e_3) \qquad \Rightarrow \qquad \mathbf{u}^2 = 1$$

tkudorP-hciwdnaS med dnu

$$\mathbf{u} \, \mathbf{r} \, \mathbf{u} = \frac{1}{7\sqrt{3}} \, (13 \, e_1 + 11 \, e_3) \, (2 \, e_1 + e_3) \, \frac{1}{7\sqrt{3}} \, (13 \, e_1 + 11 \, e_3)$$

$$= \frac{1}{147} \, (24 + 9 \, e_{12}) \, (13 \, e_1 + 11 \, e_3) = \frac{1}{49} \, (8 + 3 \, e_{12}) \, (13 \, e_1 + 11 \, e_3)$$

$$= \frac{1}{49} \, (104 \, e_1 + 33 \, e_2 + 127 \, e_3) = \frac{71}{49} \, e_1 + \frac{94}{49} \, e_3 = \mathbf{r_{rot}}$$

.nlednah

,tlednah noitatoR enie mu hcis se ssad ,nennök uz nennekre hcilhcästat mU
,tkejbO sehcsirtemmysnu nie riw negitöneb
$2 \, e_1 + e_3 = \mathbf{r}$ rotkeV ned esiewsleipsieb
$0,5 \, e_3 = \mathbf{s}$ srotkeV netiewz senie gnuthciR ni ßuF menie tim

:gnulletsegarF ehcilrhüfsua ,eueN

2 e_1 + e_3 = **r** rotkeV ned riw nnew ,hcis tbigre gnuherD ehcleW
0,5 e_3 = **s** srotkeV sed gnuthciR ni ßuF menie tim
3 e_1 + 2 e_2 = **b** srotkeV sed gnuthciR ni eshcA renie na tsreuz
3 e_1 + e_2 = **a** srotkeV sed gnuthciR ni eshcA renie na hcanad dnu
?nlegeips

,netrowtnaeb zu egarF eseid mU
netenhciezegnie tlehcirtseg (netnu eheis) ezzikS red ni ned tztej riw nereitkelfer
,tgiez eztipsßuF ruz red ,2 e_1 + 1,5 e_3 = **r** + **s** rotkevnemmuS
.neshcasnoixelfeR nedieb ned na esiewnetnenopmok

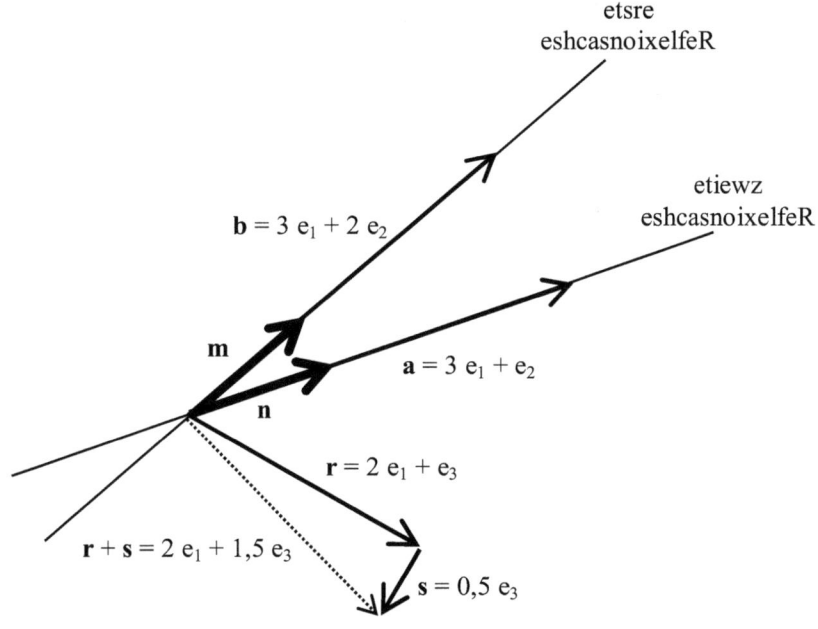

etsre
eshcasnoixelfeR

etiewz
eshcasnoixelfeR

b = 3 e_1 + 2 e_2

m

a = 3 e_1 + e_2

n

r = 2 e_1 + e_3

r + **s** = 2 e_1 + 1,5 e_3

s = 0,5 e_3

:**b** srotkeV sed gnuthciR ni eshcasnoixelfeR red na noixelfeR etsrE

s_{ref} = **m s m**

$$= \frac{1}{\sqrt{7}} (3\ e_1 + 2\ e_2) \frac{1}{2}\ e_3\ \frac{1}{\sqrt{7}} (3\ e_1 + 2\ e_2)$$

$$s_{ref} = \frac{1}{14}(2\,e_{12}+3\,e_{21})(3\,e_1+2\,e_2)$$

$$= \frac{1}{14}(6\,e_3+4\,e_1+9\,e_2+6\,e_3)$$

$$= \frac{1}{14}(5\,e_2+8\,e_3) = \frac{5}{14}\,e_2+\frac{8}{14}\,e_3 \approx 0{,}36\,e_2+0{,}57\,e_3$$

:eborpnegnäL

$$s_{ref}^{\ 2} = \frac{1}{196}(5\,e_2+8\,e_3)^2 = \frac{1}{196}(25+40\,e_{12}+40\,e_{21}+64) = \frac{49}{196}=\frac{1}{4}=s^2$$

:eborpnemmuS

$$s+s_{ref} = \frac{1}{2}\,e_3+\frac{5}{14}\,e_2+\frac{8}{14}\,e_3 = \frac{5}{14}\,e_2+\frac{15}{14}\,e_3 = (e_{12}+e_{21})^2\left(\frac{5}{14}\,e_2+\frac{15}{14}\,e_3\right)$$

$$= (e_{12}+e_{21})\left(\frac{15}{14}\,e_1+\frac{10}{14}\,e_2\right) = (e_{12}+e_{21})\frac{5}{2\sqrt{7}}\,\mathbf{m}$$

$\Leftarrow$ .m nov sehcaflieV tsi s + s$_{ref}$

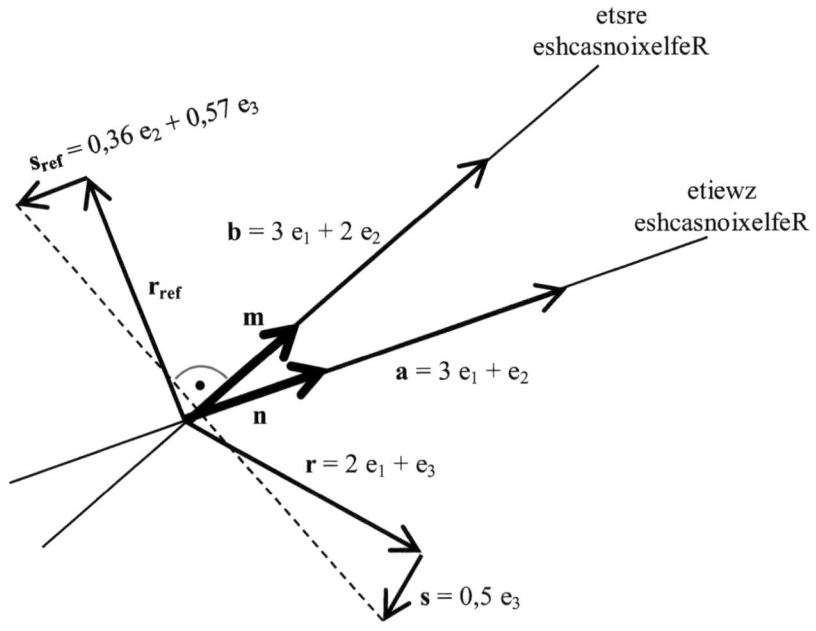

ieb eztipsßuF etreitkelfer eid tgeil timaD

$$\mathbf{r}_{ref} + \mathbf{s}_{ref} = \frac{2}{7} e_1 + \frac{13}{7} e_2 + \frac{5}{14} e_2 + \frac{8}{14} e_3 = \frac{27}{14} e_2 + \frac{2}{7} e_3 \approx 1,93\ e_2 + 0,29\ e_3$$

eshcasnoixelfeR red na noixelfeR netiewz red tim se theg retieW
:a srotkeV sed gnuthciR ni

$$\mathbf{s}_{rot} = \mathbf{n}\ \mathbf{s}_{ref}\ \mathbf{n}$$

$$= \frac{1}{\sqrt{7}} (3\ e_1 + e_2) \frac{1}{14} (5\ e_2 + 8\ e_3) \frac{1}{\sqrt{7}} (3\ e_1 + e_2)$$

$$= \frac{1}{98} (18\ e_{12} + 19\ e_{21}) (3\ e_1 + e_2)$$

$$= \frac{1}{98} (39\ e_2 + 55\ e_3) = \frac{39}{98} e_2 + \frac{55}{98} e_3 \approx 0,40\ e_2 + 0,56\ e_3$$

:eborpnegnäL

$$\mathbf{s}_{rot}{}^2 = \frac{1}{9604} (39\ e_2 + 55\ e_3)^2 = \frac{1}{9604} (4546 + 2145\ e_{12} + 2145\ e_{21}) = \frac{2401}{9604} = \frac{1}{4} = \mathbf{s}^2$$

:eborpnemmuS

$$\mathbf{s}_{ref} + \mathbf{s}_{rot} = \frac{5}{14} e_2 + \frac{8}{14} e_3 + \frac{39}{98} e_2 + \frac{55}{98} e_3 = \frac{74}{98} e_2 + \frac{111}{98} e_3$$

$$= (e_{12} + e_{21})^2 \left(\frac{74}{98} e_2 + \frac{111}{98} e_3 \right) = (e_{12} + e_{21}) \left(\frac{111}{98} e_1 + \frac{37}{98} e_2 \right) = (e_{12} + e_{21}) \frac{37}{14\sqrt{7}} \mathbf{n}$$

$\Leftarrow$ **.n** nov sehcaflieV tsi $\mathbf{s}_{ref} + \mathbf{s}_{rot}$

ieb eztipsßuF etreitor eid tgeil timaD

$$\mathbf{r}_{rot} + \mathbf{s}_{roz} = \frac{71}{49} e_1 + \frac{94}{49} e_3 + \frac{39}{98} e_2 + \frac{55}{98} e_3 = \frac{103}{98} e_1 + \frac{102}{49} e_3 \approx 1,05\ e_1 + 2,08\ e_3$$

> **!noitatoR enie gituednie tmasegsni tsi sad dnU**

,ierfslefiewz tgiez etieS nedneglof red fua ezzikS eiD
gnuthciR ni eshcA renie na noixelfeR enie mu thcin hcis se ssad
,nnak nlednah **uu** rotkevsnoixelfeR med tim nednereiblahlekniW red
.tbielb hcielgneties seßuF sed gnuthcirsuA eid ad

,treitkelfer thcin osla driw **s** rotkeV med tim nemmasuz **r** rotkeV reD
.treitor tmasegsni nrednos

:ezzikS

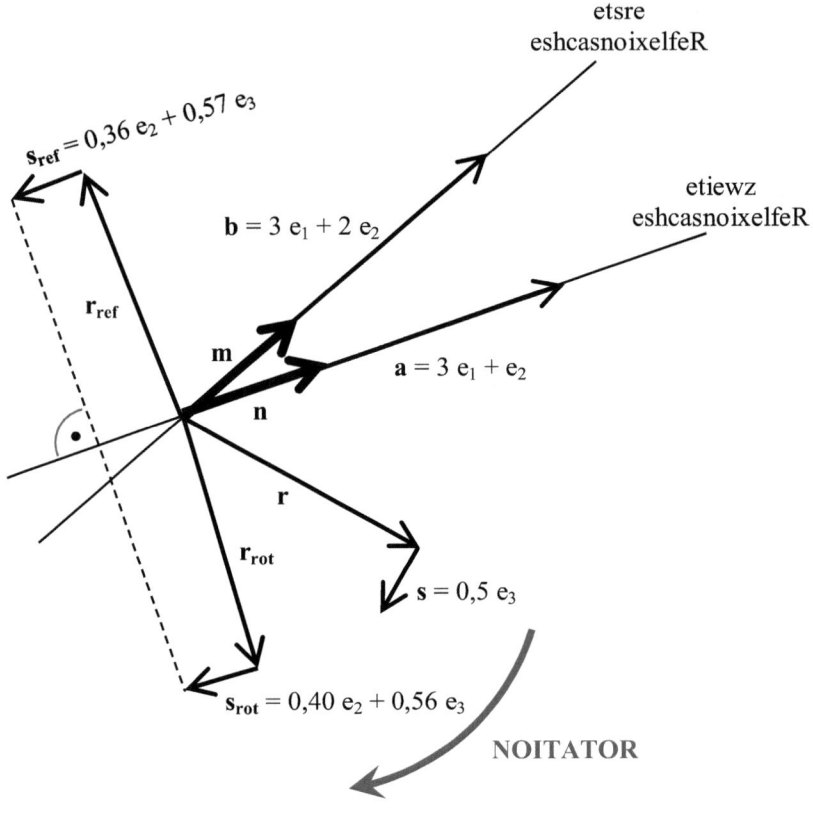

!rekitanafsuniM ollaH !tiehhcsneM ollaH
.fua nehciezsuniM nie sdnegrin ethcuat negnunhceR neseid lla nI
.vitisop hcrud dnu hcrud reih dnis nenoitarepO dnu neßörG ellA

nehciezsuniM tim negnunhceR nellenoitnevnok eid nebegre hcildnätsrevtsbles dnU
.essinbegrE ehcsitnedi uaneg arbeglA nehcsirtemoeG red efliH tim dnu

netieS nedneglof ned fua seid driw eborP ruz dnu hcielgreV muZ
.tenhcereghcan zruk

:snu nrennire riW

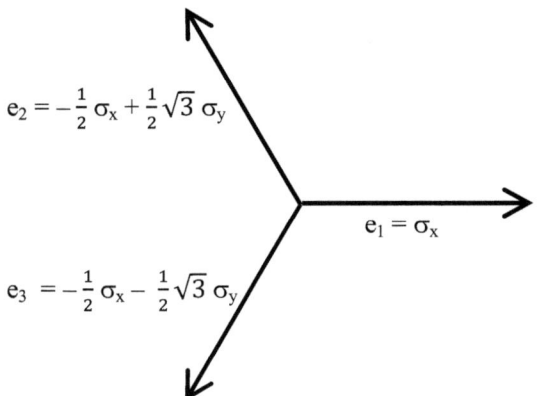

$$e_2 = -\frac{1}{2}\,\sigma_x + \frac{1}{2}\sqrt{3}\,\sigma_y$$

$$e_1 = \sigma_x$$

$$e_3 = -\frac{1}{2}\,\sigma_x - \frac{1}{2}\sqrt{3}\,\sigma_y$$

(sthcer hcan rotkevstiehniE) σ_x nerotkevsisaB eiD
(nebo hcan thcerknes rotkevstiehniE) σ_y dnu
:arbeglA-iluaP nelanoisnemidiewz red negnuhcielgdnurG ned nnad negeilretnu

$$\sigma_x\sigma_y = -\,\sigma_y\sigma_x \qquad \text{dnu} \qquad \sigma_x{}^2 = \sigma_y{}^2 = 1$$

:nov gnuthciR ni neshcasnoixelfeR

$$\mathbf{a} = 3\,e_1 + e_2 = 3\,\sigma_x - 0{,}5\,\sigma_x + 0{,}5\,\sqrt{3}\,\sigma_y = 2{,}5\,\sigma_x + 0{,}5\,\sqrt{3}\,\sigma_y$$

$$\mathbf{b} = 3\,e_1 + 2\,e_2 = 3\,\sigma_x + 2\,(-\,0{,}5\,\sigma_x + 0{,}5\,\sqrt{3}\,\sigma_y) = 2\,\sigma_x + \sqrt{3}\,\sigma_y$$

:nerotkevsnoixelfeR

$$\mathbf{n} = \frac{\mathbf{a}}{|\mathbf{a}|} = \frac{5}{2\sqrt{7}}\,\sigma_x + \frac{\sqrt{3}}{2\sqrt{7}}\,\sigma_y \qquad \Leftarrow \qquad \mathbf{a}^2 = 6{,}25 + 0{,}75 = 7$$

$$\mathbf{m} = \frac{\mathbf{b}}{|\mathbf{b}|} = \frac{2}{\sqrt{7}}\,\sigma_x + \frac{\sqrt{3}}{\sqrt{7}}\,\sigma_y \qquad \Leftarrow \qquad \mathbf{b}^2 = 4 + 3 = 7$$

:nerotkeV ehcilgnürpsrU

$$\mathbf{r} = 2\,e_1 + e_3 = 2\,\sigma_x - \frac{1}{2}\,\sigma_x - \frac{1}{2}\sqrt{3}\,\sigma_y = \frac{3}{2}\,\sigma_x - \frac{1}{2}\sqrt{3}\,\sigma_y$$

54

$$\mathbf{s} = \frac{1}{2}\, e_3 = -\frac{1}{4}\, \sigma_x - \frac{1}{4}\sqrt{3}\, \sigma_y$$

:etkudorP-hciwdnaS

$$\mathbf{r_{ref}} = \mathbf{m\, r\, m} = \frac{1}{\sqrt{7}}\,(2\,\sigma_x + \sqrt{3}\,\sigma_y)\,\frac{1}{2}\,(3\,\sigma_x - \sqrt{3}\,\sigma_y)\,\frac{1}{\sqrt{7}}\,(2\,\sigma_x + \sqrt{3}\,\sigma_y)$$

$$= \frac{1}{14}\,(3 - 5\sqrt{3}\,\sigma_x\sigma_y)\,(2\,\sigma_x + \sqrt{3}\,\sigma_y)$$

$$= \frac{1}{14}\,(-9\,\sigma_x + 13\sqrt{3}\,\sigma_y) = \frac{1}{7}\,(2\,e_1 + 13\,e_2) \qquad \Rightarrow \qquad \text{o.k.}$$

$$\mathbf{r_{rot}} = \mathbf{n\, r_{ref}\, n} = \frac{1}{2\sqrt{7}}\,(5\,\sigma_x + \sqrt{3}\,\sigma_y)\,\frac{1}{14}\,(-9\,\sigma_x + 13\sqrt{3}\,\sigma_y)\,\frac{1}{2\sqrt{7}}\,(5\,\sigma_x + \sqrt{3}\,\sigma_y)$$

$$= \frac{1}{392}\,(-6 + 74\sqrt{3}\,\sigma_x\sigma_y)\,(5\,\sigma_x + \sqrt{3}\,\sigma_y)$$

$$= \frac{1}{49}\,(24\,\sigma_x - 47\sqrt{3}\,\sigma_y) = \frac{1}{49}\,(71\,e_1 + 94\,e_3) \qquad \Rightarrow \qquad \text{o.k.}$$

$$\mathbf{s_{ref}} = \mathbf{m\, s\, m} = \frac{1}{\sqrt{7}}\,(2\,\sigma_x + \sqrt{3}\,\sigma_y)\,\frac{-1}{4}\,(\sigma_x + \sqrt{3}\,\sigma_y)\,\frac{1}{\sqrt{7}}\,(2\,\sigma_x + \sqrt{3}\,\sigma_y)$$

$$= -\frac{1}{28}\,(5 + \sqrt{3}\,\sigma_x\sigma_y)\,(2\,\sigma_x + \sqrt{3}\,\sigma_y)$$

$$= -\frac{1}{28}\,(13\,\sigma_x + 3\sqrt{3}\,\sigma_y) = \frac{1}{14}\,(5\,e_2 + 8\,e_3) \qquad \Rightarrow \qquad \text{o.k.}$$

$$\mathbf{s_{rot}} = \mathbf{n\, s_{ref}\, n} = \frac{1}{2\sqrt{7}}\,(5\,\sigma_x + \sqrt{3}\,\sigma_y)\,\frac{-1}{28}\,(13\,\sigma_x + 3\sqrt{3}\,\sigma_y)\,\frac{1}{2\sqrt{7}}\,(5\,\sigma_x + \sqrt{3}\,\sigma_y)$$

$$= -\frac{1}{784}\,(74 + 2\sqrt{3}\,\sigma_x\sigma_y)\,(5\,\sigma_x + \sqrt{3}\,\sigma_y)$$

$$= -\frac{1}{98}\,(47\,\sigma_x + 8\sqrt{3}\,\sigma_y) = \frac{1}{98}\,(39\,e_2 + 55\,e_3) \qquad \Rightarrow \qquad \text{o.k.}$$

:eztipßsuF etreitoR

$$\mathbf{r_{rot}} + \mathbf{s_{roz}} = \frac{1}{98}\,(\sigma_x - 102\sqrt{3}\,\sigma_y) = \frac{1}{98}\,(103\,e_1 + 204\,e_3) \qquad \Rightarrow \qquad \text{o.k}$$

.nierebü ella nemmits essinbegrE eiD $\Leftarrow$

...edruw treitor nun nned lekniW nehclew um ,egarF eid hcon run tbielb sE

nerotoR dnu lekniwsnoitatoR   14

,nenhcereb zu lekniwsnoitatoR ned mU
.kcüruz 11 letipaK nov tkudorP erenni sad fua riw nefierg

:treitor α lekniW nedneglof ned mu osla driw **r** rotkeV reD

$$\cos \alpha = \hat{\mathbf{r}} \bullet \hat{\mathbf{r}}_{\mathbf{rot}} = \frac{1}{2}\,(\hat{\mathbf{r}}\,\hat{\mathbf{r}}_{\mathbf{rot}} + \hat{\mathbf{r}}_{\mathbf{rot}}\,\hat{\mathbf{r}})$$

$$= \frac{1}{2\cdot 3}\left((2\,e_1 + e_3)\,\frac{1}{49}\,(71\,e_1 + 94\,e_3) + \frac{1}{49}\,(71\,e_1 + 94\,e_3)\,(2\,e_1 + e_3)\right)$$

$$= \frac{1}{294}\,(142 + 188\,e_{21} + 71\,e_{12} + 94 + 142 + 71\,e_{21} + 188\,e_{12} + 94)$$

$$= \frac{1}{294}\,(472 + 259\,e_{12} + 259\,e_{21})$$

$$= \frac{213}{294} = \frac{71}{98} \approx 0{,}7245 \qquad \Rightarrow \qquad \alpha = 43{,}57°$$

… **s** seßuF sed efliH tim hcua lekniwsnoitatoR reseid nnak hcilrütaN

$$\cos \alpha = \hat{\mathbf{s}} \bullet \hat{\mathbf{s}}_{\mathbf{rot}} = \frac{1}{2}\,(\hat{\mathbf{s}}\,\hat{\mathbf{s}}_{\mathbf{rot}} + \hat{\mathbf{s}}_{\mathbf{rot}}\,\hat{\mathbf{s}})$$

$$= \frac{1}{2}\left(e_3\,\frac{1}{49}\,(39\,e_2 + 55\,e_3) + \frac{1}{49}\,(39\,e_2 + 55\,e_3)\,e_3\right)$$

$$= \frac{1}{98}\,(55 + 39\,e_{12} + 39\,e_{21} + 55)$$

$$= \frac{71}{98} \approx 0{,}7245 \qquad \Rightarrow \qquad \alpha = 43{,}57°$$

r + **s** = **t** emmusßuF red redo …

:nedrew tenhcereb $\dfrac{13}{4} = \left(2\,e_1 + \dfrac{3}{2}\,e_3\right)^2 = t_{\mathbf{rot}}{}^2 = t^2$ tardauqnegnäL med tim.

$$\cos \alpha = \hat{\mathbf{t}} \bullet \hat{\mathbf{t}}_{\mathbf{rot}} = \frac{1}{2}\,(\hat{\mathbf{t}}\,\hat{\mathbf{t}}_{\mathbf{rot}} + \hat{\mathbf{t}}_{\mathbf{rot}}\,\hat{\mathbf{t}})$$

$$= \frac{4}{2\cdot 13}\left((2\,e_1 + \frac{3}{2}\,e_3)\,\frac{1}{98}\,(103\,e_1 + 204\,e_3) + \frac{1}{98}\,(103\,e_1 + 204\,e_3)\,(2\,e_1 + \frac{3}{2}\,e_3)\right)$$

$$= \frac{1}{1274}\,(412 + 816\,e_{21} + 309\,e_{12} + 612 + 412 + 309\,e_{21} + 816\,e_{12} + 612)$$

$$\cos\alpha = \frac{1}{1274}\,(2048 + 1125\,e_{12} + 1125\,e_{21})$$

$$= \frac{923}{1274} = \frac{71}{98} \approx 0{,}7245 \qquad \Rightarrow \qquad \alpha = 43{,}57°$$

43,57° tgärteb lekniwsnoitatoR reD $\qquad \Leftarrow$

nedieb ned nehcsiwz β lekniwsgnunffÖ mov tgnäh α lekniwsnoitatoR reD
.ba **m** dnu **n** nerotkevsnoixelfeR red gnuthciR ni neshcasnoixelfeR

:m dnu n nehcsiwz β lekniwsgnunffÖ neseid hcua nun riw nenhcereb blahseD

$$\cos\beta = \mathbf{n} \bullet \mathbf{m} = \frac{1}{2}\,(\mathbf{n}\,\mathbf{m} + \mathbf{m}\,\mathbf{n})$$

$$= \frac{1}{14}\,((3\,e_1 + e_2)(3\,e_1 + 2\,e_2) + (3\,e_1 + 2\,e_2)(3\,e_1 + e_2))$$

$$= \frac{1}{14}\,(9 + 6\,e_{12} + 3\,e_{21} + 2 + 9 + 3\,e_{12} + 6\,e_{21} + 2)$$

$$= \frac{1}{14}\,(22 + 9\,e_{12} + 9\,e_{21})$$

$$= \frac{13}{14} \approx 0{,}6547 \qquad \Rightarrow \qquad \beta = 21{,}79°$$

,α lekniwsnoitatoR red eiw ßorg os blah uaneg tsi β lekniwsgnunffÖ reseiD
:fua trhüf sunisoK mieb gnulppodrevlekniW ehcsirtemonogirt eid nned

$$\cos(2\,\beta) = 2\cos^2\beta - 1 = 2\cdot\frac{13^2}{14^2} - 1 = \frac{338-196}{196} = \frac{71}{98} = \cos\alpha$$

:gnureglofssulhcS

,lekniW red eiw ßorg os tleppod tsi lekniwsnoitatoR reD
.neßeilhcsnie neshcasnoixelfeR nedieb eid ned

!thcin ztaS neseid negöm rekitamehtaM dnu nennirekitamehtaM ethce hcoD
.hciluahcsna zu leiv tsi rE
,ppank dnu zruk se negöm rekitamehtaM dnu nennirekitamehtaM ethcE
.ierfsgnuuahcsna tulosba dnu tkapmok treisnednokhcoh

,neshcasnoixelfeR hcrud thcin esiewrehcilbü nenoitatoR eis nebierhcseb blahseD
:nemmsauz **R** norotoR uz eseid nessaf nrednos

$$R = n\, m$$

:nnad **R** rotoR red tetual leipsieB meresnu nI

$$R = n\, m = \frac{1}{7}\,(3\ e_1 + e_2)\,(3\ e_1 + 2\ e_2) = \frac{1}{7}\,(9 + 6\ e_{12} + 3\ e_{21} + 2) = \frac{1}{7}\,(8 + 3\ e_{12})$$

,netuaR timos dnis nerotoR
.nesiewfua sniE nov egnäL enie uaneg nerotkevnetieS nered

:tenhciezeb "netuarstiehniE„ sla ppolas sawte 8 letipaK ni riw nettah netuaR eseiD

dnarepO retreitor = etuarstiehniE dnarepO etuarstiehniE

(niernebuts znag thcin hcon remmi reba) retkerrok hcsitamehtaM
:nebierhcs osla riw netssüm

dnarepO retreitor = rotoR dnarepO rotoR

,tkerrok znag thcin blahsed tsi saD
.edruw negalhcsretnu tkudorP-hciwdnaS mi rhekmuneglofnehieR eid iebad liew
:aj tetual lemrofsnoitatoR etkerrok eiD

$$r_{rot} = n\, m\, r\, m\, n$$

:netual osla ssum esiewbierhcS-rotoR eid ni gnuztesrebÜ eiD

$$r_{rot} = R\, r\, \tilde{R} \qquad \text{tim} \qquad \tilde{R} = m\, n$$

:sola rotoR etrhekegmu eglofnehieR red ni ,etreisrever red eräw leipsieB meresnu nI

$$\tilde{R} = m\, n = \frac{1}{7}\,(3\ e_1 + 2\ e_2)\,(3\ e_1 + e_2) = \frac{1}{7}\,(9 + 3\ e_{12} + 6\ e_{21} + 2) = \frac{1}{7}\,(8 + 3\ e_{21})$$

nov gnunhceR eppank eid noitatoR etnnakeb stiereb eid rüf hcis tbigre timaD

$$r_{rot} = R\, r\, \tilde{R} = \frac{1}{7}\,(8 + 3\ e_{12})\,(2\ e_1 + e_3)\,\frac{1}{7}\,(8 + 3\ e_{21})$$

$$= \frac{1}{49}\,(13\ e_1 + 11\ e_3)\,(8 + 3\ e_{21})$$

$$= \frac{1}{49}\,(71\ e_1 + 94\ e_3) \approx 1,45\ e_1 + 1,92\ e_3$$

rehcildnätsrevnu leiv rehs hcua nebe reba ,rezrük hciltued rawz tsi saD

58

.letipaK nenegnagegnarov mi gnunhceR ehcilrhüfsua eresnu sla
,ralk thcin tpuahrebü driw eidorapnenoinretauQ reseid tiM
.tkcets noitatoR renie retnih hcilkriw saw
rüf tug rhes nenoinretauQ ethce snotlimaH hcua neguat blahsed dnU
.nenhceR sellenhcs
sindnätsreV segidnürgfeit hcsirtemoeg niek ,sethce niek reba nereireneg eiS
.nenoitatoR nov rutkurtS ehcilhcästat eid dnu neseW ehcilhcästat sad rüf

:tizaF

,tah tffahcseg se re liew ,laineg raw notlimaH
.nereilledom zu nenoixelfeR fua ffirgkcüR enho hcsitamehtam nenoitatoR
.esiewthciS ehcsirotsih eid tsi saD

:hcua reba tlig gitiezhcielG

,tah tffahcseg thcin se re liew ,food laineg raw notlimaH
nenoixelfeR fua ffirgkcüR retnu hcsitamehtam nenoitatoR
.nereilledom zu dnu nerälkre uz
.seiewthciS ehcsitkadid eid tsi sad dnU

arbeglanedoparteT :kcilbsuA   15

.nebierhcseb muaR nelanoisnemidierd mi nenoitatoR notlimaH etnnok hcilrütaN
.thcin hcon nehcnretseeS retnegilletni abreglA red tim rieh riw nennök saD
.ba enebE negiznie renie ni sella hcis tleips rieH

,nessaf uz ekcürdsuA evitagen enho hcsitamehtam emuäR elanoisnemidierd mU
,e_4 dnu e_3 ,e_2 ,e_1 nerotkevstiehniE riev riw negitöneb
.nesiew negnuthcirmuaR ierd ella ni gimröfnedopratet eid

.arbeglanedoparteT etnegilletni enie osla negitöneb riW

tdatsmraD sua edoparteT ehcsigrahtel sawte reba rediel ,etnegilletni eniE
.tedlibegba otohP netgiezeg netnu med fua tsi
.redearteT nenie nebierhcseb etknupdnE erhI

.tdatsmraD UT red uabressaW rüf tutitsnI med rov 2102 .naJ .13 ,emhanfuA enegiE (c)

nehcsirtemoeG red nemhaR mi nerotkevstiehniE eid hcis nessal timaD
:sla nebierhcs arbeglA

$$e_1 = \sigma_z$$

$$e_2 = \frac{1}{3}\sqrt{8}\,\sigma_x - \frac{1}{3}\,\sigma_z$$

$$e_3 = -\frac{1}{3}\sqrt{2}\,\sigma_x + \frac{1}{3}\sqrt{6}\,\sigma_y - \frac{1}{3}\,\sigma_z$$

$$e_4 = -\frac{1}{3}\sqrt{2}\,\sigma_x - \frac{1}{3}\sqrt{6}\,\sigma_y - \frac{1}{3}\,\sigma_z$$

:emmuslluN eid tetual timaD

$$e_1 + e_2 + e_3 + e_4 = 0$$

eid hcrud nnad driw rutkurtS ehcsitamehtam ehcilnhä-iluaP ,ednegeldnurg eiD
:nebegeg negnuheizeB-lluN nedneglof

$$e_1e_2 + e_2e_1 + \frac{2}{3} = 0 \qquad\qquad e_2e_3 + e_3e_2 + \frac{2}{3} = 0$$

$$e_1e_3 + e_3e_1 + \frac{2}{3} = 0 \qquad\qquad e_2e_4 + e_4e_2 + \frac{2}{3} = 0$$

$$e_1e_4 + e_4e_1 + \frac{2}{3} = 0 \qquad\qquad e_3e_4 + e_4e_3 + \frac{2}{3} = 0$$

eierfsunim nemmokllov ,egidnätsllov enie ehcis tssäl fuaraD
.neuabfua neßörG evitagen enho rutkurtS ehcsiarbegla
,ethcihcseG eredna enie tsi sad rebA
.llos nedrew tlletsegrad rehcilrhüfsua hcuB neretiew menie ni tsre eid

esiewnhrutaretiL 16

,egalfuA .5 ,"... thcelhcs remmi hci raw ethaM nI,, :rehcapsletueB thcerblA [1]
.2009 nedabseiW ,egalrevhcaF VWG / renbueT + geweiV

lacitamehtam eht gnimrofeR :2002 erutceL ladeM detsreO :senetseH divaD [2]
,(2003) 2 .oN ,71 .loV ,scisyhP fo lanruoJ naciremA :nI .scisyhP fo egaugnaL
.121 – 104 .S

toN erA srebmuN yranigamI :narod sirhC ,ybnesaL ynohtnA ,lluG nehpetS [3]
,scisyhP fo snoitadnuoF :nI .emitecapS fo arbeglA cirtemoeG ehT – laeR
.1201 – 1175 .S ,(1993) 9 .oN ,23 .loV

.hcubnehceR-redniK-droffilC saD !nnaM ,ssarG :nroH kirE nitraM [4]
,kisyhP red kitkadiD :(.gsrH) rednälrebO enrA ,reiemdroN drahkloV :nI
sdnabrevhcaF sed CD-sgnugaT ,frodlessüD ni gnugatsrhajhürF ruz egärtieB
-heL – BOL ,tfahcslleseG nehcsilakisyhP nehcstueD red kisyhP red kitkadiD
.3-86541-066-9 NBSI ,2004 nilreB ,aideM snnam

eid redo essörG nevisnetxe red tfahcsnessiW eiD :nnamssarG nnamreH [5]
-il eid ,liehT retsrE .nilpicsiD ehcsitamehtam euen enie ,erhelsgnunhedsuA
.1844 gizpieL ,dnagiW ottO nov galreV .dnetlahtne erhelsgnunhedsuA elaen

regnerts ni dnu gidnätslloV .erhelsgnunhedsuA eiD :nnamssarG nnamreH [6]
.1862 nilreB ,nilsnE .rF .rhC .hT nov galreV .tetiebraeb mroF

,(1944 tsbreH) 4 .oN ,35 .loV ,sisI :nI .1844 – nnamssarG :notraS egroeG [7]
.330 – 326 .S

,egalfuA etiewZ .scinahceM lacissalC rof snoitadnuoF weN :senetseH divaD [8]
.2002 thcerdroD ,notsoB ,kroY weN ,srehsilbuP cimedacA rewulK

.stsicisyhP rof looT lanoitatupmoC A .arbeglA droffilC :ggynS nhoJ [9]
.1997 drofxO ,kroY weN ,sserP ytisrevinU drofxO

.stsicisyhP rof arbeglA cirtemoeG :ybnesaL ynohtnA ,narod sirhC [10]
.2003 egdirbmaC ,sserP ytisrevinU egdirbmaC

retupmoC rof arbeglA cirtemoeG :nnaM nehpetS ,enjitnoF leinaD ,tsroD oeL [11]
nnamfuaK nagroM .yrtemoeG ot hcaorppA detneiro-tcejbO nA .ecneicS
.2007 ,grebledieH ,notsoB ,madretsmA ,reiveslE / srehsilbuP

.scihparG retupmoC rof arbeglA cirtemoeG :ecniV nhoJ [12]
.2008 nodnoL ,galreV-regnirpS

.gnitupmoC arbeglA cirtemoeG ot noitcudortnI :dnarbnedliH ramdieD [13]
.2019 kroY weN ,nodnoL ,notaR acoB ,puorG sicnarF & rolyaT / sserP CRC

eniE – arbeglasnoitatumreP-S_3 dnu arbeglA-iluaP :nroH kirE nitraM [14]
sutneV / moc.noobkoob.www ,gnurhüfniE ehcsirtemoeg dnu ehcsiarbegla
.2012 nodnoL ,SpA gnihsilbuP

.arbeglA ehcsirtemoeG eredna eniE :nroH kirE nitraM [15]
gnugatsrhajhürF-GPD ruz egärtieB ,kisyhP red kitkadiD – B diDyhP :nI
.7.02 gartieB ,2012 znaiM ni kisyhP red kitkadiD sdnabrevhcaF sed

.nezirtaM-(3 x 3) red arbeglA-tiezmuaR eiD :nroH kirE nitraM [16]

,nenreL sednehcsroF – gninraeL desab-yriuqnI :(.gsrH) tlohnreB ahcsaS :nI
,322 – 320 .S ,33 dnaB ,revonnaH ni PCDG red gnugatserhaJ ruz egärtieB
,(NPI) kitamehtaM dnu netfahcsnessiwrutaN red kigogadäP eid rüf tutitsnI
.2013 leiK
ni netkudorP nereßuä dnu nerenni nehcsiwz gnuheizeB ruZ :nroH kirE nitraM [17]
nitraM , kcinpäK mlehdeirF ,htarfeerG trebliG :nI .arbeglA nehcsirtemoeG red
,2013 thcirretnukitamehtaM muz egärtieB – UMzB :(.gsrH) nietS
,1 dnaB ,kitamehtaM red kitkadiD rüf tfahcslleseG red dnabsgnugaT
.2013 retsnüM ,galreV-MTW ,483 – 480 .S

:nelhepfme zu hcuA

.noisnemiD etreiv eid dnu sarogahtyP :nroH kirE nitraM [18]
red gnureniemegllareV ehcsirtemoeg eid rebü kcilbrebÜ niE
.sevlaM ed uaG ed dnu sarogahtyP nov neppurgztaS
.978-3-7562-0388-8 :NBSI ,2022 tdetsredroN ,dnameD no skooB – DoB

PYTHAGORAS UND DIE VIERTE DIMENSION

,nennek eluhcS red sua nhi riw eiw ,sarogahtyP sed ztaS reD
llaflaizepS reralaks remasnie nessalrev ,regiruart nie tsi
,gnuheizeB nelleirotkev renie
,tsi latnemadnuf os dnu hcafnie os eid
.nebah nehesrebü rehsib eis ella riw ssad

:tetual sarogahtyP sed ztaS elleirotkev ethce reD

a + b = c

.kceierD sedej rüf ,llarebü dnu remmi tlig gnuhcielG elleirotkev eseiD
,mrofrU eid tllets eiS
tnemadnuF etsef hcildnenu sad dnu znessE ehciltnegie eid
,rad sarogahtyP sed eppurgztaS red
:nereirdauq run hcafnie gnuheizeB eseid riw nnew ,netlahre riw eid

ekceierD egilkniwthceR		lekniW regibeileb ekceierD	
$c^2 = a^2 + b^2$		$c^2 = a^2 + b^2 + 2\,a \bullet b$	
$p\,c = a^2$	$q\,c = b^2$	$p\,c = a^2 + a \bullet b$	$q\,c = b^2 + a \bullet b$
$p\,q = h^2$	$a\,b = c\,h$	$p\,q = h^2 + a \bullet b$	$a\,b = c\,h + a \bullet b$

:retiew theg ethcihcseG eid dnU

driw "noisnemiD etreiv eid dnu sarogahtyP,, hcuB mI
eppurgztaS reseid gnureniemegllareV elanoisnemidrehöh eid
arohcatneP egibeileb dnu redearteT egibeileb rüf
.tlletsegrov